Thomas Laubis · Wiebke Meyer

Rechnen mit Rico Schnabel 3

Selbstständig Größen
und Sachrechnen trainieren

Name: ____________________

Klasse: __________

Mildenberger

Inhaltsverzeichnis

1 Was gehört zu Geld, Längen, Zeit und Massen? Verbinde.

Geld

Längen

Zeit

Massen

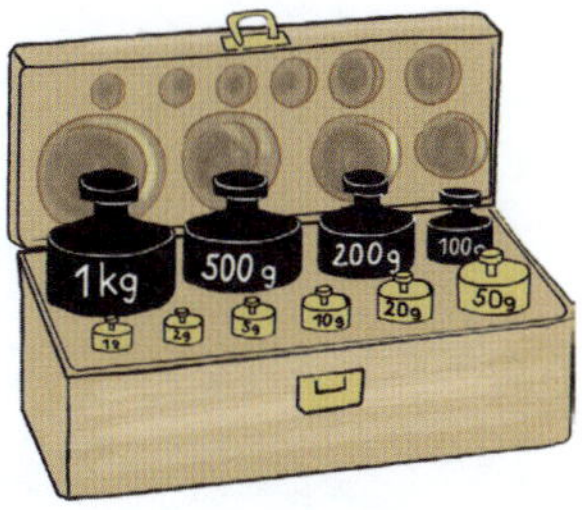

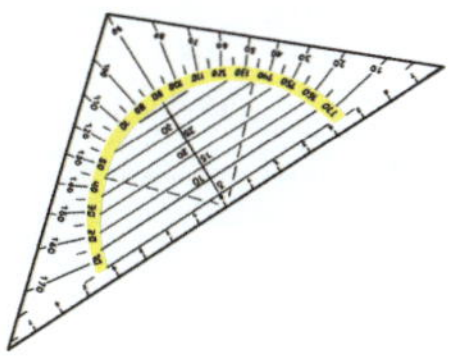

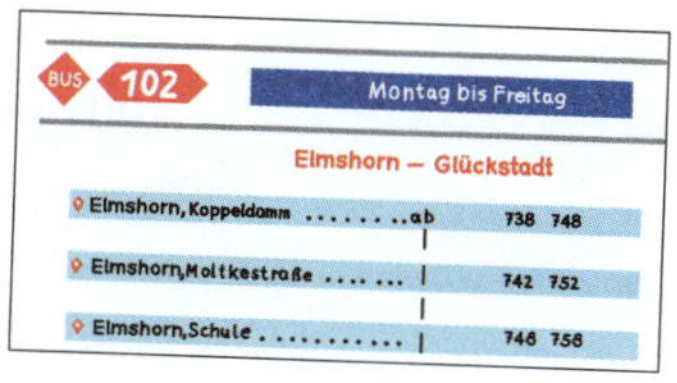

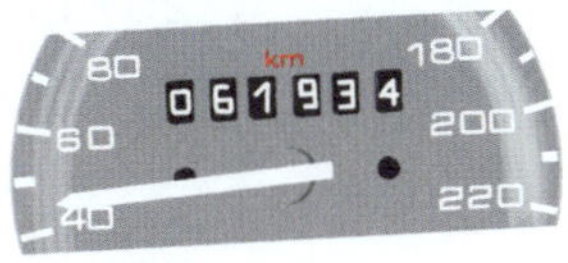

2 Male zu jeder Größe ein passendes Bild.

Geld | Längen | Zeit | Massen

2 € 43 ct = 2,43 €

1 Ergänze die Tabellen.

€	10 ct	1 ct	Komma-schreibweise	Gemischte Schreibweise	ct
2	4	3	= 2,43 €	= 2 € 43 ct	= 243 ct
1	8	9	=		
5	3	2			
0	5	7			
6	7	8			
8	1	5			
3	0	6			
7	6	1			
9	4	0			
4	9	4			

2 Wandle um in gemischte Schreibweise.

a) 4,09 € = 4 € 9 ct
6,32 € = ______
8,17 € = ______
1,85 € = ______
7,61 € = ______

b) 948 ct = 9 € 48 ct
257 ct = ______
310 ct = ______
506 ct = ______
24 ct = ______

3 Wandle um in Kommaschreibweise.

a) 8 € 75 ct = 8,75 €
0 € 20 ct = ______
3 € 93 ct = ______
4 € 31 ct = ______
2 € 6 ct = ______

b) 607 ct = 6,07 €
162 ct = ______
3 ct = ______
719 ct = ______
49 ct = ______

1 Ergänze die Beträge zu 1 €.

a) 40 ct + 60 ct = 1 €	b) 37 ct + ______ = 1 €
82 ct + ______ = 1 €	8 ct + ______ = 1 €
19 ct + ______ = 1 €	93 ct + ______ = 1 €
76 ct + ______ = 1 €	25 ct + ______ = 1 €
51 ct + ______ = 1 €	64 ct + ______ = 1 €

2 Ergänze die Beträge zu 10 €.

Ergänze zuerst zum nächsten vollen Euro und dann weiter.

a) 5,50 € + 4,50 € = 10 €	b) 8,40 € + ______ = 10 €
2,50 € + ______ = 10 €	3,90 € + ______ = 10 €
3,50 € + ______ = 10 €	6,20 € + ______ = 10 €
1,50 € + ______ = 10 €	1,70 € + ______ = 10 €
0,50 € + ______ = 10 €	7,30 € + ______ = 10 €

c) 9,43 € + ______ = 10 €	d) 4,15 € + ______ = 10 €
9,96 € + ______ = 10 €	9,84 € + ______ = 10 €
9,21 € + ______ = 10 €	5,66 € + ______ = 10 €
9,79 € + ______ = 10 €	0,01 € + ______ = 10 €
9,35 € + ______ = 10 €	2,48 € + ______ = 10 €

3 Immer zwei Kärtchen ergeben zusammen 10 €.
Male sie mit der gleichen Farbe an.

- 4,80 €
- 5,02 €
- 177 ct
- 3 € 57 ct
- 6,02 €
- 823 ct
- 4 € 57 ct
- 5,20 €
- 6 € 43 ct
- 167 ct
- 3,80 €
- 5 € 43 ct
- 3,98 €
- 6,20 €
- 833 ct
- 4,98 €

1 Rico möchte eine Kappe und einen Rucksack kaufen. Er rundet die Geldbeträge. Rechne den Überschlag und kreuze eine Aussage an.

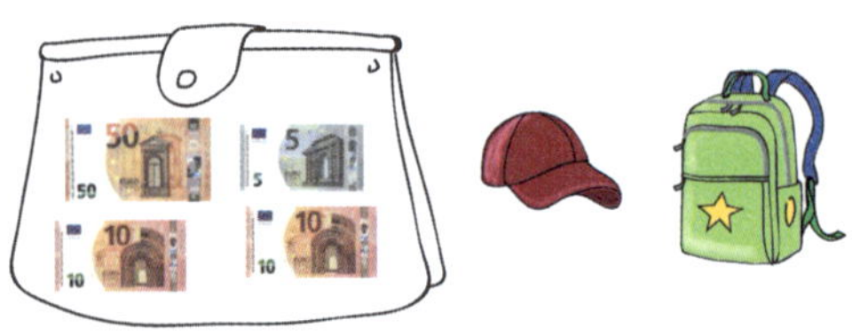

17,90 € + 55,99 €

Ü: 18 € + 56 € = ____________

◯ Das Geld wird vermutlich reichen. ◯ Das Geld wird vermutlich nicht reichen.

2 Schreibe die Rechnung auf. Runde die Geldbeträge, rechne den Überschlag und entscheide, ob das Geld reichen wird. Kreuze an.

a)

29,95 € + 12,99 €

Ü: 30 € + ____________

◯ Das Geld wird vermutlich reichen. ◯ Das Geld wird vermutlich nicht reichen.

b)

____

Ü: ____________

◯ Das Geld wird vermutlich reichen. ◯ Das Geld wird vermutlich nicht reichen.

c)

____

Ü: ____________

◯ Das Geld wird vermutlich reichen. ◯ Das Geld wird vermutlich nicht reichen.

Rechnen mit Euro und Cent

1 Wandle um in Cent (ct) und rechne im Kopf. Schreibe das Ergebnis in Euro (€) mit Komma.

a) 6,10 € + 3,70 € = ______
610 ct + 370 ct = ______

4,20 € + 1,80 € = ______
______

2,60 € + 5,50 € = ______
______

b) 8,90 € – 6,50 € = ______
______

9,40 € – 4,10 € = ______
______

7,20 € – 2,30 € = ______
______

2 Wandle um in Cent (ct) und rechne halbschriftlich. Schreibe das Ergebnis in Euro (€) mit Komma.

a) 6,45 € + 84 ct = ______
645 ct + 84 ct = ______
645 ct + 80 ct = ______
+ 4 ct = ______

5,53 € + 69 ct = ______
______
______
______

b) 3,28 € – 55 ct = ______
______
______
______

8,09 € – 76 ct = ______
______
______
______

3 Wandle um in Cent (ct) und rechne halbschriftlich. Schreibe das Ergebnis in Euro (€) mit Komma.

a) 5 · 0,73 € = ______
5 · 73 ct = ______
5 · 70 ct = ______
5 · 3 ct = ______

9 · 0,68 € = ______
______
______
______

b) 2,48 € : 4 = ______
248 ct : 4 = ______
240 ct : 4 = ______
8 ct : 4 = ______

4,38 € : 6 = ______
______
______
______

1 Löse die Aufgabe. Finde einen Lösungsweg (L) und schreibe eine Antwort (A) auf.

Frage (F)
Lösungsweg (L)
Antwort (A)

a) Herr Ritter möchte Erdbeerquark selbst anrühren.
Dafür kauft er eine Schale Erdbeeren und eine Packung Quark.

F: Wie viel Euro muss Herr Ritter bezahlen?

L:

A: ____________________

b) Melissa kauft einen 1 kg schweren Blumenkohl und bezahlt mit einem 5-Euro-Schein.

F: Wie viel Euro bekommt Melissa zurück?

L:

A: ____________________

c) Jonte kauft einen Salat, eine Gurke und 200 g Tomaten ein.

F: Wie viel Euro muss Jonte bezahlen?

L:

A: ____________________

1 Löse die Aufgabe mit Hilfe der Preisangaben von Seite 8.
Finde eine Frage (F), einen Lösungsweg (L) und schreibe eine Antwort (A) auf.

a) Frau Stein kauft für ein Klassenfest 3 Ananas ein.

F: ______________________________

L:

A: ______________________________

b) Ole, Giovanni und Jan kaufen sich eine Packung Kaugummis und teilen den Preis gerecht.

F: ______________________________

L:

A: ______________________________

c) Für ihre Kaninchen kauft Tizia 3 Salate und einen Kohlrabi.

F: ______________________________

L:

A: ______________________________

____

Meter, Zentimeter und Millimeter

1 Schreibe zu den Gegenständen die passende Länge.

1 m	2 m	100 m	1 cm	30 cm	2 mm
4 m	8 m	1 m 37 cm	17 cm	7 mm	

2 Miss mit dem Lineal und ergänze die Sätze.

a) Das Rico-Schnabel-Heft ist etwa ________________ lang.

b) Das Rico-Schnabel-Heft ist etwa ________________ dick.

c) Meine Hand ist etwa ________________ breit.

d) Mein Zeigefinger ist etwa ________________ lang.

e) Mein dünnster Stift ist etwa ________________ dick.

f) Der Tisch ist etwa ________________ hoch.

g) Mein Fuß ist etwa ________________ lang.

1 Ergänze die Tabellen.

m	10 cm	1 cm	Komma-schreibweise	Gemischte Schreibweise	cm
1	2	6	= 1,26 m	= 1 m 26 cm	= 126 cm
2	4	1	=		
5	3	2			
0	9	8			
3	6	0			
9	0	4			
4	1	3			
6	8	7			

2 Wandle um in gemischte Schreibweise.

a) 2,15 m = 2 m 15 cm
1,70 m = ______
5,68 m = ______
3,06 m = ______
8,29 m = ______

b) 435 cm = ______
601 cm = ______
75 cm = ______
203 cm = ______
199 cm = ______

3 Wandle um in Kommaschreibweise.

a) 3 m 25 cm = 3,25 m
7 m 50 cm = ______
4 m 3 cm = ______
0 m 18 cm = ______
2 m 66 cm = ______

b) 174 cm = ______
206 cm = ______
81 cm = ______
5 cm = ______
2 cm = ______

4 Immer drei Kärtchen passen zusammen. Male sie mit der gleichen Farbe an.

2 m 60 cm	602 cm	0,62 m	2,06 m
2 m 6 cm	2,60 m	260 cm	6 m 2 cm
6,02 m	0 m 62 cm	206 cm	62 cm

1 m = 100 cm
$\frac{1}{2}$ m = 50 cm
$\frac{1}{4}$ m = 25 cm
$\frac{3}{4}$ m = 75 cm

1 Immer drei Kärtchen gehören zusammen. Schreibe sie geordnet in die Tabelle.

ein Dreiviertelmeter	100 cm	ein Viertelmeter	~~1 m~~
25 cm	~~ein Meter~~	50 cm	75 cm
ein halber Meter	$\frac{3}{4}$ m	$\frac{1}{4}$ m	$\frac{1}{2}$ m

Wort	Meter (m) mit Bruchzahl	Zentimeter (cm)
ein Meter	1 m	

2 Ergänze.

a) 40 cm + ______ = 1 m
25 cm + ______ = 1 m
90 cm + ______ = 1 m
1 cm + ______ = 1 m

b) 20 cm + ______ = $\frac{1}{2}$ m
45 cm + ______ = $\frac{1}{2}$ m
10 cm + ______ = $\frac{1}{2}$ m
32 cm + ______ = $\frac{1}{2}$ m

c) 10 cm + ______ = $\frac{1}{4}$ m
5 cm + ______ = $\frac{1}{4}$ m
22 cm + ______ = $\frac{1}{4}$ m
17 cm + ______ = $\frac{1}{4}$ m

d) 50 cm + ______ = $\frac{3}{4}$ m
60 cm + ______ = $\frac{3}{4}$ m
5 cm + ______ = $\frac{3}{4}$ m
42 cm + ______ = $\frac{3}{4}$ m

3 Setze ein: >, < oder = .

a) 1 m ◯ 10 cm
$\frac{1}{2}$ m ◯ 75 cm
$\frac{1}{4}$ m ◯ 25 cm

b) $\frac{3}{4}$ m ◯ 75 cm
$\frac{1}{2}$ m ◯ 25 cm
$\frac{1}{4}$ m ◯ 50 cm

c) $\frac{1}{4}$ m ◯ 0,90 m
$\frac{1}{2}$ m ◯ 0,50 m
$\frac{3}{4}$ m ◯ 0,70 m

d) 1,00 m ◯ $\frac{1}{2}$ m
0,01 m ◯ $\frac{3}{4}$ m
0,24 m ◯ $\frac{1}{4}$ m

Rechnen mit Meter und Zentimeter

1 Wandle um in Zentimeter (cm) und rechne im Kopf. Schreibe das Ergebnis in Meter (m) mit Komma.

a) 3,50 m + 2,30 m =

350 cm + 230 cm =

1,20 m + 6,80 m =

5,70 m + 0,60 m =

b) 4,90 m – 1,30 m =

6,40 m – 4,30 m =

2,50 m – 0,70 m =

2 Wandle um in Zentimeter (cm) und rechne halbschriftlich. Schreibe das Ergebnis in Meter (m) mit Komma.

a) 4,85 m + 73 cm =

485 cm + 73 cm =

485 cm + 70 cm =

2,94 m + 88 cm =

b) 1,59 m – 63 cm =

7,25 m – 97 cm =

3 Wandle um in Zentimeter (cm) und rechne halbschriftlich. Schreibe das Ergebnis in Meter (m) mit Komma.

a) 4 · 0,56 m =

4 · 56 cm =

4 · 50 cm =

4 · 6 cm =

7 · 0,48 m =

b) 1,83 m : 3 =

183 cm : 3 =

180 cm : 3 =

3 cm : 3 =

4,48 m : 8 =

1 Finde einen Lösungsweg (L) mit Skizze und Rechnung.
Schreibe eine Antwort (A) auf.

Frage (F)
Lösungsweg (L)
Antwort (A)

a) Frau Fröhler ist 1,71 m groß. Ihre Tochter Tina ist 43 cm kleiner.

F: Wie groß ist Tina?

L: Skizze:

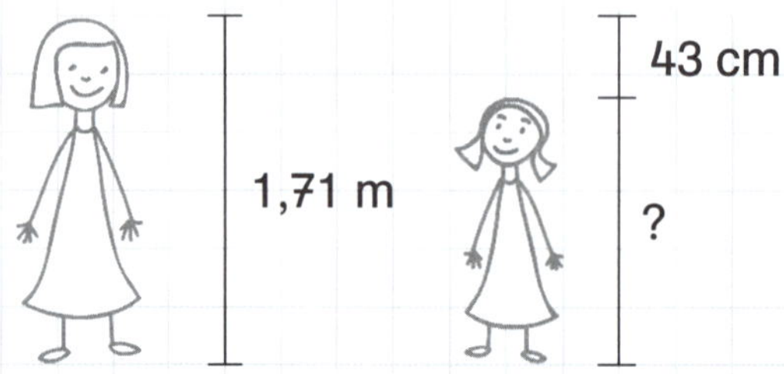

Rechnung:

A: ______________________________

b) Die Drittklässler haben Fahrzeuge gebaut und lassen sie rollen. Marvins Fahrzeug rollt 3,65 m weit. Laras Fahrzeug rollt 1,38 m weiter.

F: Wie weit rollt Laras Fahrzeug?

L: Skizze:

Rechnung:

A: ______________________________

1 Finde einen Lösungsweg (L) mit Skizze und Rechnung.
Schreibe eine Antwort (A) auf.

a) Malea bastelt gerne. Sie zersägt eine Holzleiste in 5 gleich große Stücke.
Die Holzleiste ist 1,35 m lang.

F: Wie lang ist jedes Stück?

L: Skizze:

Rechnung:

A: ______________________________

b) Finde heraus, wie oft Malea sägen muss. Betrachte dazu deine Skizze von Aufgabe 1a.

Malea muss ☐ -mal sägen.

c) Ben baut ein Vogelhäuschen. In der Bauanleitung steht, dass er 8 Stücke mit je 18 cm braucht.

F: Wie lang muss Bens Holzleiste sein?

L: Skizze:

Rechnung:

A: ______________________________

1 Ergänze die Tabellen.

cm	mm	Komma-schreibweise	Gemischte Schreibweise	mm
1	5	= 1,5 cm	= 1 cm 5 mm	= 15 mm
3	2	=		
10	1			
15	9			
8	0			
6	7			
0	3			
25	8			

2 Wandle um in gemischte Schreibweise.

a) 2,6 cm = 2 cm 6 mm
4,3 cm = ______
12,5 cm = ______
5,1 cm = ______
9,8 cm = ______

b) 17 mm = ______
34 mm = ______
75 mm = ______
251 mm = ______
303 mm = ______

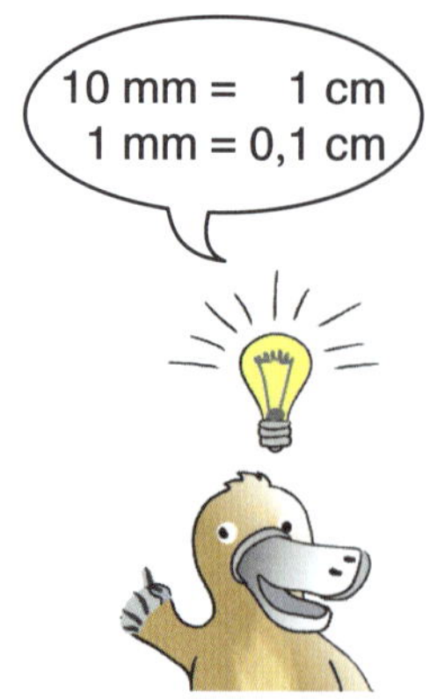

3 Wandle um in Kommaschreibweise.

a) 7 cm 3 mm = 7,3 cm
1 cm 9 mm = ______
0 cm 4 mm = ______
13 cm 1 mm = ______
20 cm 2 mm = ______

b) 26 mm = ______
89 mm = ______
245 mm = ______
1 mm = ______
63 mm = ______

4 Immer drei Kärtchen passen zusammen. Male sie mit der gleichen Farbe an.

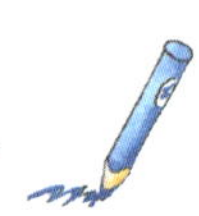

3 cm 6 mm	111 mm	0,5 cm	5 mm
0 cm 5 mm	3,6 cm	6,3 cm	6 cm 3 mm
11 cm 1 mm	63 mm	11,1 cm	36 mm

1 Miss die Strecken auf Millimeter (mm) genau. Schreibe in Millimeter (mm) und in Zentimeter (cm) mit Komma.

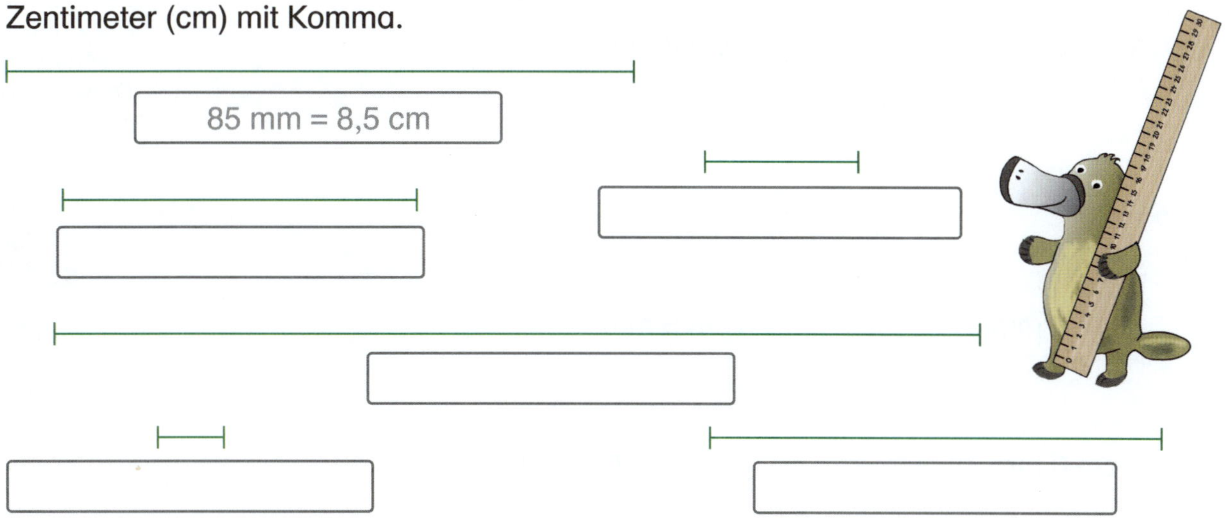

2 Miss die Seitenlängen der Figuren auf Millimeter (mm) genau und schreibe sie in Zentimeter (cm) mit Komma auf.

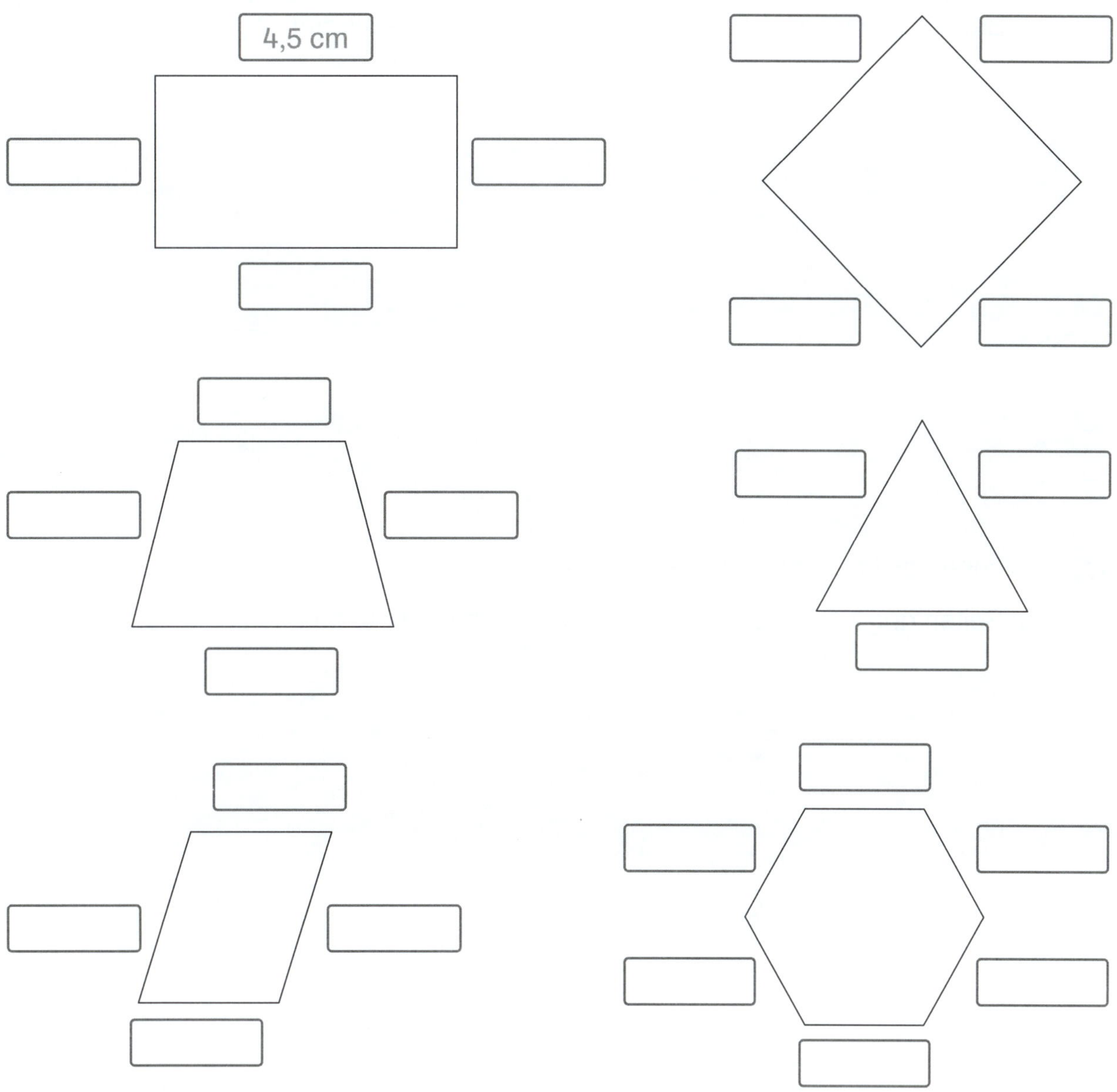

1 Zeichne Strecken.

4 cm 3 mm

6 cm 8 mm

11 cm 2 mm

0 cm 9 mm

8 cm 5 mm

5 cm 0 mm

7 cm 1 mm

2 Zeichne das Rechteck. Die Kästchen helfen dir.

a) Länge: 5 cm 5 mm
Breite: 3 cm 5 mm

b) Länge: 4 cm 3 mm
Breite: 2 cm 8 mm

3 Zeichne das Quadrat. Die Kästchen helfen dir.

a) Seitenlänge: 2 cm 5 mm

b) Seitenlänge: 5 cm 6 mm

1 Finde eine Frage (F) und einen Lösungsweg (L) mit Skizze und Rechnung. Schreibe eine Antwort (A) auf.

Frage (F)
Lösungsweg (L)
Antwort (A)

a) Lena hat eine Schachtel mit 6 Farbstiften. Der längste Stift ist der braune, er ist 12 cm 4 mm lang. Der rote Stift ist nur noch 87 mm lang.

F: ______________________________

L: Skizze:

Rechnung:

A: ______________________________

b) Marius legt mit Streichhölzern ein Rechteck. Das Rechteck ist 3 Streichhölzer lang und 2 Streichhölzer breit. Jedes Streichholz ist 4 cm 6 mm lang.

F: ______________________________

L: Skizze:

Rechnung:

A: ______________________________

1 Immer zwei Kärtchen passen zusammen. Male sie mit der gleichen Farbe an.

- So weit etwa gehe ich in 15 Minuten zu Fuß.
- So lang etwa ist Deutschland.
- 1 000 km
- 100 km
- 10 km
- 1 km
- So weit etwa läuft ein Spieler bei einem Fußballspiel.
- So weit etwa fahren wir in einer Stunde auf der Autobahn.

2 Ergänze.

1 Kilometer = 1 000 Meter
1 km = 1 000 m

a)		b)	
800 m + ______	= 1 km	905 m + ______	= 1 km
100 m + ______	= 1 km	444 m + ______	= 1 km
650 m + ______	= 1 km	398 m + ______	= 1 km
230 m + ______	= 1 km	721 m + ______	= 1 km
590 m + ______	= 1 km	812 m + ______	= 1 km

3 Immer zwei Streifen ergeben zusammen 1 km. Verbinde.

250 m	380 m
195 m	563 m
620 m	805 m
437 m	750 m

4 Ordne der Größe nach. Beachte die Zeichen < und >.

a) 215 km 125 km 512 km 152 km 521 km

______ < ______ < ______ < ______ < ______

b) 1 km 375 m 3 km 517 m 1 km 357 m 3 km 715 m

______ > ______ > ______ > ______

1 km = 1 000 m
$\frac{1}{2}$ km = 500 m
$\frac{1}{4}$ km = 250 m
$\frac{3}{4}$ km = 750 m

1 Ergänze.

a) Ein Viertelkilometer sind ______ m.
b) Ein halber Kilometer sind ______ m.
c) Ein ______ sind 1 000 m.
d) Ein Dreiviertelkilometer sind ______ m.

2 Ergänze.

a)
100 m + ______ = $\frac{1}{2}$ km
450 m + ______ = $\frac{1}{2}$ km
303 m + ______ = $\frac{1}{2}$ km
1 m + ______ = $\frac{1}{2}$ km
99 m + ______ = $\frac{1}{2}$ km

b)
200 m + ______ = $\frac{1}{4}$ km
180 m + ______ = $\frac{1}{4}$ km
75 m + ______ = $\frac{1}{4}$ km
155 m + ______ = $\frac{1}{4}$ km
8 m + ______ = $\frac{1}{4}$ km

c)
500 m + ______ = $\frac{3}{4}$ km
350 m + ______ = $\frac{3}{4}$ km
41 m + ______ = $\frac{3}{4}$ km
579 m + ______ = $\frac{3}{4}$ km
668 m + ______ = $\frac{3}{4}$ km

d)
25 m + ______ = $\frac{1}{4}$ km
35 m + ______ = $\frac{3}{4}$ km
145 m + ______ = $\frac{1}{4}$ km
55 m + ______ = $\frac{1}{2}$ km
565 m + ______ = $\frac{3}{4}$ km

3 Setze die Zeichen >, < oder = ein und ergänze.

a)
$\frac{1}{4}$ km ◯ $\frac{1}{2}$ km
$\frac{3}{4}$ km ◯ $\frac{1}{4}$ km
$\frac{1}{2}$ km ◯ $\frac{1}{2}$ km
1 km ◯ $\frac{3}{4}$ km
$\frac{1}{2}$ km ◯ $\frac{3}{4}$ km

b)
$\frac{1}{2}$ km ◯ 370 m
$\frac{1}{4}$ km ◯ 250 m
$\frac{3}{4}$ km ◯ 570 m
$\frac{1}{2}$ km ◯ 950 m
$\frac{1}{4}$ km ◯ 25 m

c)
$\frac{1}{4}$ km > ______
$\frac{1}{2}$ km < ______
1 km = ______
$\frac{3}{4}$ km < ______
$\frac{1}{2}$ km > ______

1 Finde eine Frage (F) und einen Lösungsweg (L). Schreibe eine Antwort (A) auf.

Frage (F)
Lösungsweg (L)
Antwort (A)

a) Leonie fährt gern Fahrrad. Vorletzte Woche ist sie 37 km gefahren, letzte Woche waren es 69 km und diese Woche ist sie 45 km gefahren.

F: ______________________________

L:

A: ______________________________

b) Mit ihrer Familie unternimmt Leonie eine große Radtour beim Steinhuder Meer, die 2 Tage dauert. Die ganze Strecke ist 115 km lang. Am ersten Tag fährt die Familie 58 km.

F: ______________________________

L:

A: ______________________________

c) Die Familie plant eine Radtour um den Bodensee. Die ganze Tour ist insgesamt 224 km lang. Leonie meint: „Dazu brauchen wir 4 Tage."

F: ______________________________

L:

A: ______________________________

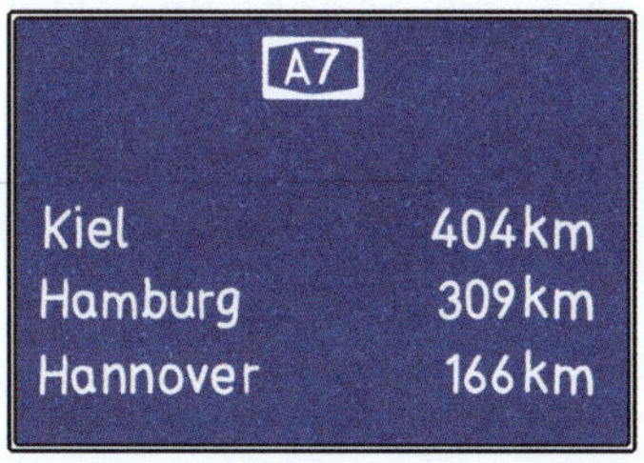

1 Das Schild steht an der Autobahn bei Kassel. Zeige die Orte auf der Landkarte von Rico und lies die Entfernungen von Kassel aus auf dem Schild ab.

Wie weit ist es von Kassel nach Hannover? ________________

Wie weit ist es von Kassel nach Hamburg? ________________

Wie weit ist es von Kassel nach Kiel? ________________

2 Rechne die Entfernung aus. Die Landkarte hilft dir.

a) Von Hannover nach Hamburg:

Es sind ________________.

b) Von Hamburg nach Kiel:

Es sind ________________.

3 Herr Beck fährt mit seinem Elektro-Auto von Hannover nach Kiel.
Als er losfährt, zeigt sein Auto an, dass die Batterie noch für 250 km reicht.
Rechne aus, ob die Batterieladung für die Strecke ausreicht.

L:

A: ________________________________

1 Schreibe zu den Personen und Gegenständen das passende Gewicht.

1 g	20 g	500 g	1 000 kg	35 kg
100 g	80 kg	1 kg	200 kg	

2 Setze ein: „mehr als", „weniger als" oder „genauso viel wie".

a) Ein Fahrrad wiegt ______________________ ein Dreirad.

b) Ein Tennisball wiegt ______________________ ein Fußball.

c) Ein Mathebuch wiegt ______________________ ein Sprachbuch.

d) Eine Flasche Saft wiegt ______________________ ein Glas Milch.

e) Ein Salatkopf wiegt ______________________ ein Blumenkohl.

f) Ein Handtuch wiegt ______________________ ein Taschentuch.

3 Finde drei Sätze wie in Aufgabe 2.

1: ______________________

2: ______________________

3: ______________________

1 Was gehört zu Geld, Längen, Zeit und Massen? Verbinde.

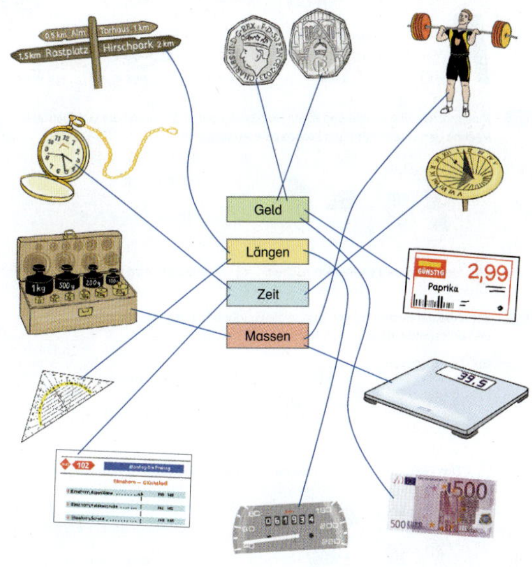

* **2** Male zu jeder Größe ein passendes Bild.

Geld | Längen | Zeit | Massen

* *Individuelle Lösung*

2 € 43 ct = 2,43 €

Das Komma trennt Euro von Cent.

1 Ergänze die Tabellen.

€	10 ct	1 ct	Komma-schreibweise	Gemischte Schreibweise	ct
2	4	3	= 2,43 €	= 2 € 43 ct	= 243 ct
1	8	9	= 1,89 €	= 1 € 89 ct	= 189 ct
5	3	2	= 5,32 €	= 5 € 32 ct	= 532 ct
0	5	7	= 0,57 €	= 0 € 57 ct	= 57 ct
6	7	8	= 6,78 €	= 6 € 78 ct	= 678 ct
8	1	5	= 8,15 €	= 8 € 15 ct	= 815 ct
3	0	6	= 3,06 €	= 3 € 6 ct	= 306 ct
7	6	1	= 7,61 €	= 7 € 61 ct	= 761 ct
9	4	0	= 9,40 €	= 9 € 40 ct	= 940 ct
4	9	4	= 4,94 €	= 4 € 94 ct	= 494 ct

2 Wandle um in gemischte Schreibweise.

a) 4,09 € = 4 € 9 ct
6,32 € = 6 € 32 ct
8,17 € = 8 € 17 ct
1,85 € = 1 € 85 ct
7,61 € = 7 € 61 ct

b) 948 ct = 9 € 48 ct
257 ct = 2 € 57 ct
310 ct = 3 € 10 ct
506 ct = 5 € 6 ct
24 ct = 0 € 24 ct

100 ct = 1 €

3 Wandle um in Kommaschreibweise.

a) 8 € 75 ct = 8,75 €
0 € 20 ct = 0,20 €
3 € 93 ct = 3,93 €
4 € 31 ct = 4,31 €
2 € 6 ct = 2,06 €

b) 607 ct = 6,07 €
162 ct = 1,62 €
3 ct = 0,03 €
719 ct = 7,19 €
49 ct = 0,49 €

3 ct = 0,03 € Vergiss die Nullen nicht.

1 Ergänze die Beträge zu 1 €.

a) 40 ct + 60 ct = 1 €
82 ct + 18 ct = 1 €
19 ct + 81 ct = 1 €
76 ct + 24 ct = 1 €
51 ct + 49 ct = 1 €

b) 37 ct + 63 ct = 1 €
8 ct + 92 ct = 1 €
93 ct + 7 ct = 1 €
25 ct + 75 ct = 1 €
64 ct + 36 ct = 1 €

2 Ergänze die Beträge zu 10 €.

Ergänze zuerst zum nächsten vollen Euro und dann weiter.

a) 5,50 € + 4,50 € = 10 €
2,50 € + 7,50 € = 10 €
3,50 € + 6,50 € = 10 €
1,50 € + 8,50 € = 10 €
0,50 € + 9,50 € = 10 €

b) 8,40 € + 1,60 € = 10 €
3,90 € + 6,10 € = 10 €
6,20 € + 3,80 € = 10 €
1,70 € + 8,30 € = 10 €
7,30 € + 2,70 € = 10 €

c) 9,43 € + 0,57 € = 10 €
9,96 € + 0,04 € = 10 €
9,21 € + 0,79 € = 10 €
9,79 € + 0,21 € = 10 €
9,35 € + 0,65 € = 10 €

d) 4,15 € + 5,85 € = 10 €
9,84 € + 0,16 € = 10 €
5,66 € + 4,34 € = 10 €
0,01 € + 9,99 € = 10 €
2,48 € + 7,52 € = 10 €

3 Immer zwei Kärtchen ergeben zusammen 10 €. Male sie mit der gleichen Farbe an.

4,80 € | 5,02 € | 177 ct | 3 € 57 ct
6,02 € | 823 ct | 4 € 57 ct | 5,20 €
6 € 43 ct | 167 ct | 3,80 € | 5 € 43 ct
3,98 € | 6,20 € | 833 ct | 4,98 €

Geldbeträge überschlagen

1 Rico möchte eine Kappe und einen Rucksack kaufen. Er rundet die Geldbeträge. Rechne den Überschlag und kreuze eine Aussage an.

17,90 € + 55,99 €

Ü: 18 € + 56 € = 74 €

(X) Das Geld wird vermutlich reichen. ( ) Das Geld wird vermutlich nicht reichen.

2 Schreibe die Rechnung auf. Runde die Geldbeträge, rechne den Überschlag und entscheide, ob das Geld reichen wird. Kreuze an.

a) 29,95 € + 12,99 €

Ü: 30 € + 13€ = 43 €

( ) Das Geld wird vermutlich reichen. (X) Das Geld wird vermutlich nicht reichen.

b) 17,90 € + 69,95 € + 8,99 €

Ü: 18 € + 70 € + 9 € = 97 €

(X) Das Geld wird vermutlich reichen. ( ) Das Geld wird vermutlich nicht reichen.

c) 8,35 € + 12,99 € + 39,99 €

Ü: 8 € + 13 € + 40 € = 61 €

( ) Das Geld wird vermutlich reichen. (X) Das Geld wird vermutlich nicht reichen.

Rechnen mit Euro und Cent

1 Wandle um in Cent (ct) und rechne im Kopf. Schreibe das Ergebnis in Euro (€) mit Komma.

a) 6,10 € + 3,70 € = 9,80 €
610 ct + 370 ct = 980 ct

4,20 € + 1,80 € = 6,00 €
420 ct + 180 ct = 600 ct

2,60 € + 5,50 € = 8,10 €
260 ct + 550 ct = 810 ct

b) 8,90 € − 6,50 € = 2,40 €
890 ct − 650 ct = 240 ct

9,40 € − 4,10 € = 5,30 €
940 ct − 410 ct = 530 ct

7,20 € − 2,30 € = 4,90 €
720 ct − 230 ct = 490 ct

2 Wandle um in Cent (ct) und rechne halbschriftlich. Schreibe das Ergebnis in Euro (€) mit Komma.

a) 6,45 € + 84 ct = 7,29 €
645 ct + 84 ct = 729 ct
645 ct + 80 ct = 725 ct
725 ct + 4 ct = 729 ct

5,53 € + 69 ct = 6,22 €
553 ct + 69 ct = 622 ct
553 ct + 60 ct = 613 ct
613 ct + 9 ct = 622 ct

b) 3,28 € − 55 ct = 2,73 €
328 ct − 55 ct = 273 ct
328 ct − 50 ct = 278 ct
278 ct − 5 ct = 273 ct

8,09 € − 76 ct = 7,33 €
809 ct − 76 ct = 733 ct
809 ct − 70 ct = 739 ct
739 ct − 6 ct = 733 ct

3 Wandle um in Cent (ct) und rechne halbschriftlich. Schreibe das Ergebnis in Euro (€) mit Komma.

a) 5 · 0,73 € = 3,65 €
5 · 73 ct = 365 ct
5 · 70 ct = 350 ct
5 · 3 ct = 15 ct

9 · 0,68 € = 6,12 €
9 · 68 ct = 612 ct
9 · 60 ct = 540 ct
9 · 8 ct = 72 ct

b) 2,48 € : 4 = 0,62 €
248 ct : 4 = 62 ct
240 ct : 4 = 60 ct
8 ct : 4 = 2 ct

4,38 € : 6 = 0,73 €
438 ct : 6 = 73 ct
420 ct : 6 = 70 ct
18 ct : 6 = 3 ct

Sachaufgaben – Geld

1 Löse die Aufgabe. Finde einen Lösungsweg (L) und schreibe eine Antwort (A) auf.

Frage (F)
Lösungsweg (L)
Antwort (A)

a) Herr Ritter möchte Erdbeerquark selbst anrühren. Dafür kauft er eine Schale Erdbeeren und eine Packung Quark.

F: Wie viel Euro muss Herr Ritter bezahlen?

L: 359 ct + 79 ct = 438 ct   438 ct = 4,38 €
359 ct + 70 ct = 429 ct
429 ct + 9 ct = 438 ct

A: Herr Ritter muss 4,38 € bezahlen.

b) Melissa kauft einen 1 kg schweren Blumenkohl und bezahlt mit einem 5-Euro-Schein.

F: Wie viel Euro bekommt Melissa zurück?

L: 500 ct − 374 ct = 126 ct   126 ct = 1,26 €
500 ct − 300 ct = 200 ct
200 ct − 70 ct = 130 ct
130 ct − 4 ct = 126 ct

A: Melissa bekommt 1,26 € zurück.

* c) Jonte kauft einen Salat, eine Gurke und 200 g Tomaten ein.

F: Wie viel Euro muss Jonte bezahlen?

L: 139 ct + 89 ct = 228 ct   228 ct + 50 ct = 278 ct
139 ct + 80 ct = 219 ct   278 ct = 2,78 €
219 ct + 9 ct = 228 ct

A: Jonte muss 2,78 € bezahlen.

Sachaufgaben – Geld

* **1** Löse die Aufgabe mit Hilfe der Preisangaben von Seite 8.
Finde eine Frage (F), einen Lösungsweg (L) und schreibe eine Antwort (A) auf.

a) Frau Stein kauft für ein Klassenfest 3 Ananas ein.

F: Wie viel Euro muss Frau Stein bezahlen?

L: 3 · 279 ct = 837 ct   837 ct = 8,37 €
3 · 200 ct = 600 ct
3 · 70 ct = 210 ct
3 · 9 ct = 27 ct

A: Frau Stein muss 8,37 € bezahlen.

b) Ole, Giovanni und Jan kaufen sich eine Packung Kaugummis und teilen den Preis gerecht.

F: Wie viel Euro muss jeder bezahlen?

L: 255 ct : 3 = 85 ct   85 ct = 0,85 €
240 ct : 3 = 80 ct
15 ct : 3 = 5 ct

A: Jeder von ihnen muss 0,85 € bezahlen.

c) Für ihre Kaninchen kauft Tizia 3 Salate und einen Kohlrabi.

F: Wie viel Euro muss Tizia bezahlen?

L: 3 · 139 ct = 417 ct   417 ct + 75 ct = 492 ct
3 · 100 ct = 300 ct   417 ct + 70 ct = 487 ct
3 · 30 ct = 90 ct   487 ct + 5 ct = 492 ct
3 · 9 ct = 27 ct
492 ct = 4,92 €

A: Tizia muss 4,92 € bezahlen.

Meter, Zentimeter und Millimeter

1 Schreibe zu den Gegenständen die passende Länge.

1 m | 2 m | 100 m | 1 cm | 30 cm | 2 mm | 4 m | 8 m | 1 m 37 cm | 17 cm | 7 mm

* **2** Miss mit dem Lineal und ergänze die Sätze.

a) Das Rico-Schnabel-Heft ist etwa *30 cm* lang.
b) Das Rico-Schnabel-Heft ist etwa *5 mm* dick.
c) Meine Hand ist etwa *7 cm* breit.
d) Mein Zeigefinger ist etwa *8 cm* lang.
e) Mein dünnster Stift ist etwa *8 mm* dick.
f) Der Tisch ist etwa *75 cm* hoch.
g) Mein Fuß ist etwa *20 cm* lang.

Meter und Zentimeter – Kommaschreibweise

1 Ergänze die Tabellen.

m	10 cm	1 cm	Kommaschreibweise	Gemischte Schreibweise	cm
1	2	6	= 1,26 m	= 1 m 26 cm	= 126 cm
2	4	1	= 2,41 m	= 2 m 41 cm	= 241 cm
5	3	2	= 5,32 m	= 5 m 32 cm	= 532 cm
0	9	8	= 0,98 m	= 0 m 98 cm	= 98 cm
3	6	0	= 3,60 m	= 3 m 60 cm	= 360 cm
9	0	4	= 9,04 m	= 9 m 4 cm	= 904 cm
4	1	3	= 4,13 m	= 4 m 13 cm	= 413 cm
6	8	7	= 6,87 m	= 6 m 87 cm	= 687 cm

2 Wandle um in gemischte Schreibweise.

a) 2,15 m = *2 m 15 cm*
1,70 m = *1 m 70 cm*
5,68 m = *5 m 68 cm*
3,06 m = *3 m 6 cm*
8,29 m = *8 m 29 cm*

b) 435 cm = *4 m 35 cm*
601 cm = *6 m 1 cm*
75 cm = *0 m 75 cm*
203 cm = *2 m 3 cm*
199 cm = *1 m 99 cm*

3 Wandle um in Kommaschreibweise.

a) 3 m 25 cm = *3,25 m*
7 m 50 cm = *7,50 m*
4 m 3 cm = *4,03 m*
0 m 18 cm = *0,18 m*
2 m 66 cm = *2,66 m*

b) 174 cm = *1,74 m*
206 cm = *2,06 m*
81 cm = *0,81 m*
5 cm = *0,05 m*
2 cm = *0,02 m*

4 Immer drei Kärtchen passen zusammen. Male sie mit der gleichen Farbe an.

2 m 60 cm | 602 cm | 0,62 m | 2,06 m
2 m 6 cm | 2,60 m | 260 cm | 6 m 2 cm
6,02 m | 0 m 62 cm | 206 cm | 62 cm

Meter und Zentimeter – Bruchzahlen

1 m = 100 cm
$\frac{1}{2}$ m = 50 cm
$\frac{1}{4}$ m = 25 cm
$\frac{3}{4}$ m = 75 cm

1 Immer drei Kärtchen gehören zusammen. Schreibe sie geordnet in die Tabelle.

ein Dreiviertelmeter | 100 cm | ein Viertelmeter | 1 m
25 cm | ein Meter | 50 cm | 75 cm
ein halber Meter | $\frac{3}{4}$ m | $\frac{1}{4}$ m | $\frac{1}{2}$ m

Wort	Meter (m) mit Bruchzahl	Zentimeter (cm)
ein Meter	*1 m*	*100 cm*
ein halber Meter	*$\frac{1}{2}$ m*	*50 cm*
ein Viertelmeter	*$\frac{1}{4}$ m*	*25 cm*
ein Dreiviertelmeter	*$\frac{3}{4}$ m*	*75 cm*

2 Ergänze.

a) 40 cm + *60 cm* = 1 m
25 cm + *75 cm* = 1 m
90 cm + *10 cm* = 1 m
1 cm + *99 cm* = 1 m

b) 20 cm + *30 cm* = $\frac{1}{2}$ m
45 cm + *5 cm* = $\frac{1}{2}$ m
10 cm + *40 cm* = $\frac{1}{2}$ m
32 cm + *18 cm* = $\frac{1}{2}$ m

c) 10 cm + *15 cm* = $\frac{1}{4}$ m
5 cm + *20 cm* = $\frac{1}{4}$ m
22 cm + *3 cm* = $\frac{1}{4}$ m
17 cm + *8 cm* = $\frac{1}{4}$ m

d) 50 cm + *25 cm* = $\frac{3}{4}$ m
60 cm + *15 cm* = $\frac{3}{4}$ m
5 cm + *70 cm* = $\frac{3}{4}$ m
42 cm + *33 cm* = $\frac{3}{4}$ m

3 Setze ein: >, < oder = .

a) 1 m (>) 10 cm
$\frac{1}{2}$ m (<) 75 cm
$\frac{1}{4}$ m (=) 25 cm

b) $\frac{3}{4}$ m (=) 75 cm
$\frac{1}{2}$ m (>) 25 cm
$\frac{1}{4}$ m (<) 50 cm

c) $\frac{1}{4}$ m (<) 0,90 m
$\frac{1}{2}$ m (=) 0,50 m
$\frac{3}{4}$ m (>) 0,70 m

d) 1,00 m (>) $\frac{1}{2}$ m
0,01 m (<) $\frac{3}{4}$ m
0,24 m (<) $\frac{1}{4}$ m

Rechnen mit Meter und Zentimeter

1 Wandle um in Zentimeter (cm) und rechne im Kopf. Schreibe das Ergebnis in Meter (m) mit Komma.

a) 3,50 m + 2,30 m = *5,80 m*
350 cm + 230 cm = 580 cm

1,20 m + 6,80 m = *8,00 m*
120 cm + 680 cm = 800 cm

5,70 m + 0,60 m = *6,30 m*
570 cm + 60 cm = 630 cm

b) 4,90 m – 1,30 m = *3,60 m*
490 cm – 130 cm = 360 cm

6,40 m – 4,30 m = *2,10 m*
640 cm – 430 cm = 210 cm

2,50 m – 0,70 m = *1,80 m*
250 cm – 70 cm = 180 cm

2 Wandle um in Zentimeter (cm) und rechne halbschriftlich. Schreibe das Ergebnis in Meter (m) mit Komma.

a) 4,85 m + 73 cm = *5,58 m*
485 cm + 73 cm = 558 cm
485 cm + 70 cm = 555 cm
555 cm + 3 cm = 558 cm

2,94 m + 88 cm = *3,82 m*
294 cm + 88 cm = 382 cm
294 cm + 80 cm = 374 cm
374 cm + 8 cm = 382 cm

b) 1,59 m – 63 cm = *0,96 m*
159 cm – 63 cm = 96 cm
159 cm – 60 cm = 99 cm
99 cm – 3 cm = 96 cm

7,25 m – 97 cm = *6,28 m*
725 cm – 97 cm = 628 cm
725 cm – 90 cm = 635 cm
635 cm – 7 cm = 628 cm

3 Wandle um in Zentimeter (cm) und rechne halbschriftlich. Schreibe das Ergebnis in Meter (m) mit Komma.

a) 4 · 0,56 m = *2,24 m*
4 · 56 cm = 224 cm
4 · 50 cm = 200 cm
4 · 6 cm = 24 cm

7 · 0,48 m = *3,36 m*
7 · 48 cm = 336 cm
7 · 40 cm = 280 cm
7 · 8 cm = 56 cm

b) 1,83 m : 3 = *0,61 m*
183 cm : 3 = 61 cm
180 cm : 3 = 60 cm
3 cm : 3 = 1 cm

4,48 m : 8 = *0,56 m*
448 cm : 8 = 56 cm
400 cm : 8 = 50 cm
48 cm : 8 = 6 cm

Sachaufgaben – Meter und Zentimeter

1 Finde einen Lösungsweg (L) mit Skizze und Rechnung. Schreibe eine Antwort (A) auf.

Frage (F)
Lösungsweg (L)
Antwort (A)

a) Frau Fröhler ist 1,71 m groß. Ihre Tochter Tina ist 43 cm kleiner.

F: Wie groß ist Tina?

L: Skizze:

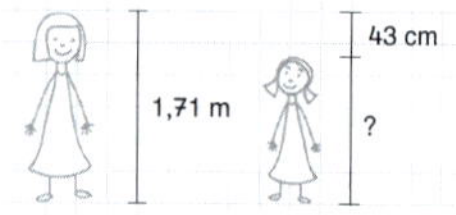

Rechnung:
171 cm – 43 cm = 128 cm
171 cm – 40 cm = 131 cm
131 cm – 3 cm = 128 cm

128 cm = 1,28 m

A: *Tina ist 1,28 m groß.*

b) Die Drittklässler haben Fahrzeuge gebaut und lassen sie rollen. Marvins Fahrzeug rollt 3,65 m weit. Laras Fahrzeug rollt 1,38 m weiter.

F: Wie weit rollt Laras Fahrzeug?

L: Skizze:

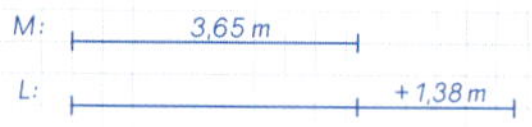

Rechnung:
365 cm + 138 cm = 503 cm
365 cm + 100 cm = 465 cm
465 cm + 30 cm = 495 cm
495 cm + 8 cm = 503 cm

503 cm = 5,03 m

A: *Laras Fahrzeug rollt 5,03 m weit.*

Sachaufgaben – Meter und Zentimeter

1 Finde einen Lösungsweg (L) mit Skizze und Rechnung. Schreibe eine Antwort (A) auf.

a) Malea bastelt gerne. Sie zersägt eine Holzleiste in 5 gleich große Stücke. Die Holzleiste ist 1,35 m lang.

F: Wie lang ist jedes Stück?

L: Skizze:

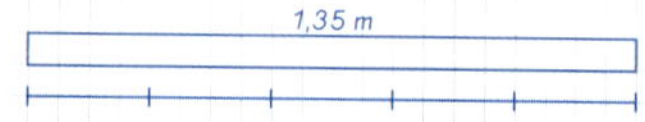

Rechnung:
135 cm : 5 = 27 cm
100 cm : 5 = 20 cm
35 cm : 5 = 7 cm

A: *Jedes Stück ist 27 cm lang.*

b) Finde heraus, wie oft Malea sägen muss. Betrachte dazu deine Skizze von Aufgabe 1a.

Malea muss *4* -mal sägen.

c) Ben baut ein Vogelhäuschen. In der Bauanleitung steht, dass er 8 Stücke mit je 18 cm braucht.

F: Wie lang muss Bens Holzleiste sein?

L: Skizze:

Rechnung:
8 · 18 cm = 144 cm   144 cm = 1,44 m
8 · 10 cm = 80 cm
8 · 8 cm = 64 cm

A: *Bens Holzleiste muss 1,44 m lang sein.*

Zentimeter und Millimeter – Kommaschreibweise

1 Ergänze die Tabellen.

cm	mm	Komma-schreibweise	Gemischte Schreibweise	mm
1	5	= 1,5 cm	= 1 cm 5 mm	= 15 mm
3	2	= 3,2 cm	= 3 cm 2 mm	= 32 mm
10	1	= 10,1 cm	= 10 cm 1 mm	= 101 mm
15	9	= 15,9 cm	= 15 cm 9 mm	= 159 mm
8	0	= 8,0 cm	= 8 cm 0 mm	= 80 mm
6	7	= 6,7 cm	= 6 cm 7 mm	= 67 mm
0	3	= 0,3 cm	= 0 cm 3 mm	= 3 mm
25	8	= 25,8 cm	= 25 cm 8 mm	= 258 mm

ACHTUNG: Hier gibt es nur eine Stelle nach dem Komma.

2 Wandle um in gemischte Schreibweise.

10 mm = 1 cm
1 mm = 0,1 cm

a) 2,6 cm = *2 cm 6 mm*
4,3 cm = *4 cm 3 mm*
12,5 cm = *12 cm 5 mm*
5,1 cm = *5 cm 1 mm*
9,8 cm = *9 cm 8 mm*

b) 17 mm = *1 cm 7 mm*
34 mm = *3 cm 4 mm*
75 mm = *7 cm 5 mm*
251 mm = *25 cm 1 mm*
303 mm = *30 cm 3 mm*

3 Wandle um in Kommaschreibweise.

a) 7 cm 3 mm = *7,3 cm*
1 cm 9 mm = *1,9 cm*
0 cm 4 mm = *0,4 cm*
13 cm 1 mm = *13,1 cm*
20 cm 2 mm = *20,2 cm*

b) 26 mm = *2,6 cm*
89 mm = *8,9 cm*
245 mm = *24,5 cm*
1 mm = *0,1 cm*
63 mm = *6,3 cm*

4 Immer drei Kärtchen passen zusammen. Male sie mit der gleichen Farbe an.

3 cm 6 mm | 111 mm | 0,5 cm | 5 mm
0 cm 5 mm | 3,6 cm | 6,3 cm | 6 cm 3 mm
11 cm 1 mm | 63 mm | 11,1 cm | 36 mm

Zentimeter und Millimeter messen

1 Miss die Strecken auf Millimeter (mm) genau. Schreibe in Millimeter (mm) und in Zentimeter (cm) mit Komma.

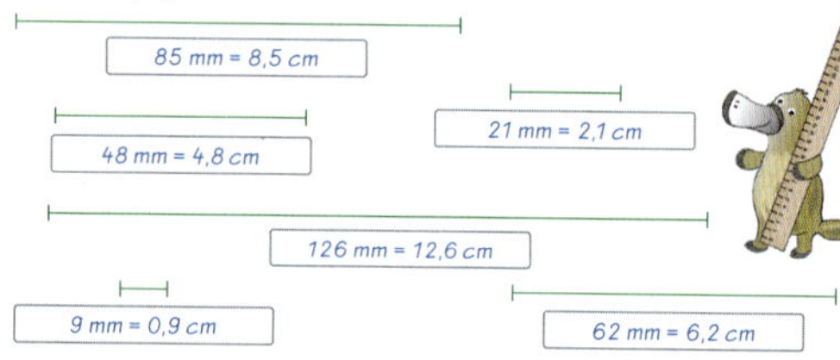

2 Miss die Seitenlängen der Figuren auf Millimeter (mm) genau und schreibe sie in Zentimeter (cm) mit Komma auf.

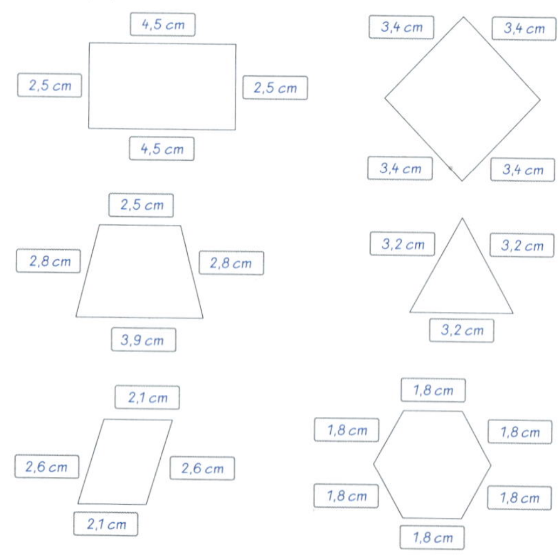

Zentimeter und Millimeter zeichnen

1 Zeichne Strecken.

4 cm 3 mm — 6 cm 8 mm

11 cm 2 mm

0 cm 9 mm — 8 cm 5 mm

5 cm 0 mm — 7 cm 1 mm

Der Anfang ist schon da. Denke an den Strich am Ende.

2 Zeichne das Rechteck. Die Kästchen helfen dir.

a) Länge: 5 cm 5 mm
Breite: 3 cm 5 mm

b) Länge: 4 cm 3 mm
Breite: 2 cm 8 mm

Ich zeichne mit gespitztem Bleistift.

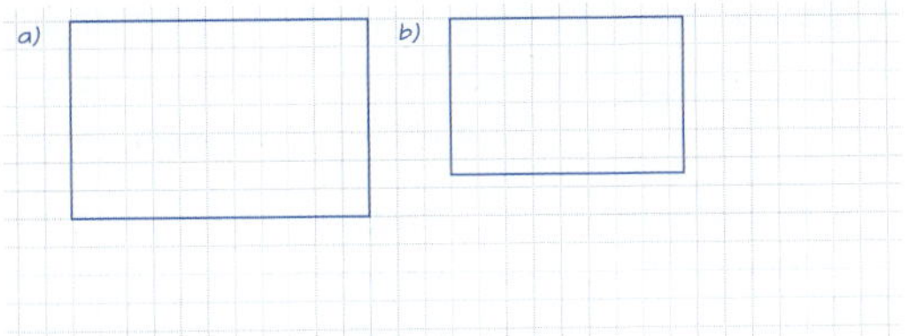

3 Zeichne das Quadrat. Die Kästchen helfen dir.

a) Seitenlänge: 2 cm 5 mm
b) Seitenlänge: 5 cm 6 mm

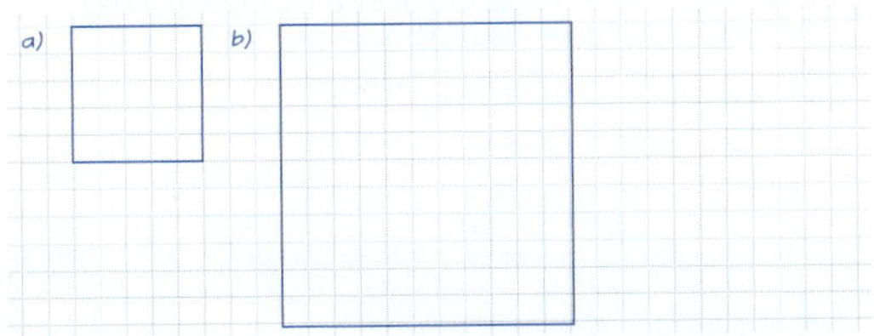

Sachaufgaben – Zentimeter und Millimeter

* **1** Finde eine Frage (F) und einen Lösungsweg (L) mit Skizze und Rechnung. Schreibe eine Antwort (A) auf.

Frage (F)
Lösungsweg (L)
Antwort (A)

a) Lena hat eine Schachtel mit 6 Farbstiften. Der längste Stift ist der braune, er ist 12 cm 4 mm lang. Der rote Stift ist nur noch 87 mm lang.

F: *Wie viel Zentimeter ist der rote Stift kürzer?*

L: Skizze:

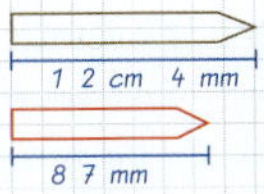

Rechnung:
124 mm – 87 mm = 37 mm
124 mm – 80 mm = 44 mm
44 mm – 7 mm = 37 mm
37 mm = 3 cm 7 mm = 3,7 cm

A: *Der rote Stift ist 3,7 cm kürzer.*

b) Marius legt mit Streichhölzern ein Rechteck. Das Rechteck ist 3 Streichhölzer lang und 2 Streichhölzer breit. Jedes Streichholz ist 4 cm 6 mm lang.

F: *Wie lang und wie breit ist das Rechteck?*

L: Skizze:

Rechnung:

3 · 46 mm = 138 mm	*2 · 46 mm = 92 mm*
3 · 40 mm = 120 mm	*2 · 40 mm = 80 mm*
3 · 6 mm = 18 mm	*2 · 6 mm = 12 mm*
138 mm = 13,8 cm	*92 mm = 9,2 cm*

A: *Das Rechteck ist 13,8 cm lang und 9,2 cm breit.*

Kilometer und Meter

1 Immer zwei Kärtchen passen zusammen. Male sie mit der gleichen Farbe an.

- So weit etwa gehe ich in 15 Minuten zu Fuß. — 1 km
- So weit etwa läuft ein Spieler bei einem Fußballspiel. — 10 km
- So lange etwa ist Deutschland. — 1 000 km
- So weit etwa fahren wir in einer Stunde auf der Autobahn. — 100 km

2 Ergänze.

1 Kilometer = 1 000 Meter
1 km = 1 000 m

a)		b)	
800 m + *200 m*	= 1 km	905 m + *95 m*	= 1 km
100 m + *900 m*	= 1 km	444 m + *556 m*	= 1 km
650 m + *350 m*	= 1 km	398 m + *602 m*	= 1 km
230 m + *770 m*	= 1 km	721 m + *279 m*	= 1 km
590 m + *410 m*	= 1 km	812 m + *188 m*	= 1 km

3 Immer zwei Streifen ergeben zusammen 1 km. Verbinde.

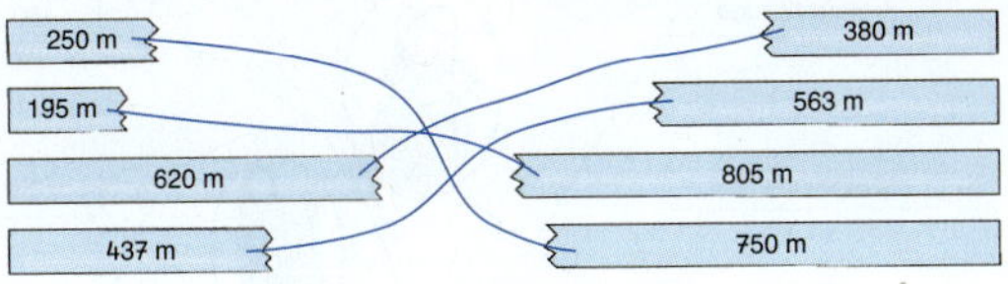

4 Ordne der Größe nach. Beachte die Zeichen < und >.

a) 215 km, 125 km, 512 km, 152 km, 521 km

125 km < *152 km* < *215 km* < *512 km* < *521 km*

b) 1 km 375 m, 3 km 517 m, 1 km 357 m, 3 km 715 m

3 km 715 m > *3 km 517 m* > *1 km 375 m* > *1 km 357 m*

Kilometer und Meter – Bruchzahlen

1 km = 1 000 m
$\frac{1}{2}$ km = 500 m
$\frac{1}{4}$ km = 250 m
$\frac{3}{4}$ km = 750 m

1 Ergänze.

a) Ein Viertelkilometer sind *250* m.
b) Ein halber Kilometer sind *500* m.
c) Ein *Kilometer* sind 1 000 m.
d) Ein Dreiviertelkilometer sind *750* m.

2 Ergänze.

a)		b)	
100 m + *400 m*	= $\frac{1}{2}$ km	200 m + *50 m*	= $\frac{1}{4}$ km
450 m + *50 m*	= $\frac{1}{2}$ km	180 m + *70 m*	= $\frac{1}{4}$ km
303 m + *197 m*	= $\frac{1}{2}$ km	75 m + *175 m*	= $\frac{1}{4}$ km
1 m + *499 m*	= $\frac{1}{2}$ km	155 m + *95 m*	= $\frac{1}{4}$ km
99 m + *401 m*	= $\frac{1}{2}$ km	8 m + *242 m*	= $\frac{1}{4}$ km

c)		d)	
500 m + *250 m*	= $\frac{3}{4}$ km	25 m + *225 m*	= $\frac{1}{4}$ km
350 m + *400 m*	= $\frac{3}{4}$ km	35 m + *715 m*	= $\frac{3}{4}$ km
41 m + *709 m*	= $\frac{3}{4}$ km	145 m + *105 m*	= $\frac{1}{4}$ km
579 m + *171 m*	= $\frac{3}{4}$ km	55 m + *445 m*	= $\frac{1}{2}$ km
668 m + *82 m*	= $\frac{3}{4}$ km	565 m + *185 m*	= $\frac{3}{4}$ km

3 Setze die Zeichen >, < oder = ein und ergänze.

a)	b)	* c)
$\frac{1}{4}$ km (<) $\frac{1}{2}$ km	$\frac{1}{2}$ km (>) 370 m	$\frac{1}{4}$ km > *200 m*
$\frac{3}{4}$ km (>) $\frac{1}{4}$ km	$\frac{1}{4}$ km (=) 250 m	$\frac{1}{2}$ km < *600 m*
$\frac{1}{2}$ km (=) $\frac{1}{2}$ km	$\frac{3}{4}$ km (>) 570 m	1 km = *1000 m*
1 km (>) $\frac{3}{4}$ km	$\frac{1}{2}$ km (<) 950 m	$\frac{3}{4}$ km < *800 m*
$\frac{1}{2}$ km (<) $\frac{3}{4}$ km	$\frac{1}{4}$ km (>) 25 m	$\frac{1}{2}$ km > *400 m*

Sachaufgaben – Kilometer

1 Finde eine Frage (F) und einen Lösungsweg (L). Schreibe eine Antwort (A) auf.

Frage (F)
Lösungsweg (L)
Antwort (A)

a) Leonie fährt gern Fahrrad. Vorletzte Woche ist sie 37 km gefahren, letzte Woche waren es 69 km und diese Woche ist sie 45 km gefahren.

F: *Wie viel Kilometer ist Leonie insgesamt gefahren?*

L:

37 km + 69 km = 106 km	106 km + 45 km = 151 km
37 km + 60 km = 97 km	106 km + 40 km = 146 km
97 km + 9 km = 106 km	146 km + 5 km = 151 km

A: *Leonie ist insgesamt 151 km gefahren.*

b) Mit ihrer Familie unternimmt Leonie eine große Radtour beim Steinhuder Meer, die 2 Tage dauert. Die ganze Strecke ist 115 km lang. Am ersten Tag fährt die Familie 58 km.

F: *Wie weit fährt die Familie am zweiten Tag?*

L: 115 km – 58 km = 57 km
115 km – 50 km = 65 km
65 km – 8 km = 57 km

A: *Am zweiten Tag fährt die Familie 57 km weit.*

c) Die Familie plant eine Radtour um den Bodensee. Die ganze Tour ist insgesamt 224 km lang. Leonie meint: „Dazu brauchen wir 4 Tage."

F: *Wie viel Kilometer fährt die Familie pro Tag?*

L: 224 km : 4 = 56 km
200 km : 4 = 50 km
24 km : 4 = 6 km

A: *Pro Tag fährt die Familie 56 km.*

Sachaufgaben – Kilometer

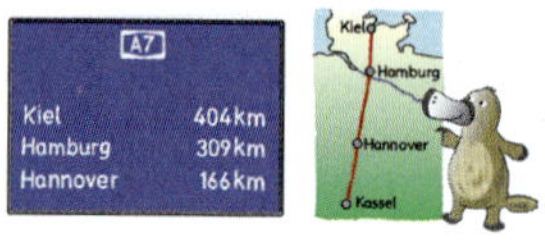

1 Das Schild steht an der Autobahn bei Kassel. Zeige die Orte auf der Landkarte von Rico und lies die Entfernungen von Kassel aus auf dem Schild ab.

Wie weit ist es von Kassel nach Hannover? *166 km*

Wie weit ist es von Kassel nach Hamburg? *309 km*

Wie weit ist es von Kassel nach Kiel? *404 km*

2 Rechne die Entfernung aus. Die Landkarte hilft dir.

a) Von Hannover nach Hamburg: 309 km – 166 km = 143 km

Es sind *143 km*.

309 km – 100 km = 209 km
209 km – 60 km = 149 km
149 km – 6 km = 143 km

b) Von Hamburg nach Kiel: 404 km – 309 km = 95 km

Es sind *95 km*.

404 km – 300 km = 104 km
104 km – 9 km = 95 km

3 Herr Beck fährt mit seinem Elektro-Auto von Hannover nach Kiel. Als er losfährt, zeigt sein Auto an, dass die Batterie noch für 250 km reicht. Rechne aus, ob die Batterieladung für die Strecke ausreicht.

L: 404 km – 166 km = 238 km
404 km – 100 km = 304 km
304 km – 60 km = 244 km
244 km – 6 km = 238 km   238 km < 250 km

A: *Die Batterie reicht für die Strecke aus.*

Kilogramm und Gramm

1 Schreibe zu den Personen und Gegenständen das passende Gewicht.

~~1 g~~ ~~20 g~~ ~~500 g~~ ~~1000 kg~~ ~~35 kg~~ ~~100 g~~ ~~80 kg~~ ~~1 kg~~ ~~200 kg~~

Kilogramm (kg)
Gramm (g)

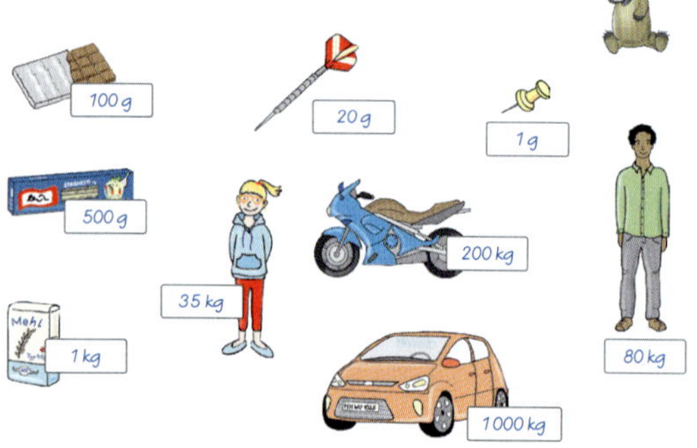

2 Setze ein: „mehr als", „weniger als" oder „genauso viel wie".

a) Ein Fahrrad wiegt *mehr als* ein Dreirad.
b) Ein Tennisball wiegt *weniger als* ein Fußball.
c) Ein Mathebuch wiegt *genauso viel wie* ein Sprachbuch.
d) Eine Flasche Saft wiegt *mehr als* ein Glas Milch.
e) Ein Salatkopf wiegt *weniger als* ein Blumenkohl.
f) Ein Handtuch wiegt *mehr als* ein Taschentuch.

* **3** Finde drei Sätze wie in Aufgabe 2.

1: *Eine Zeitschrift wiegt weniger als ein Buch.*

2: *Ein Kartenspiel wiegt mehr als eine Büroklammer.*

3: *Eine Postkarte wiegt genauso viel wie eine Geburtstagskarte.*

* Beispiellösung

Kilogramm und Gramm – Waagen

1 Schreibe die Namen zu den Waagen:
Personenwaage, Gemüsewaage, Küchenwaage, Apothekerwaage, Kofferwaage

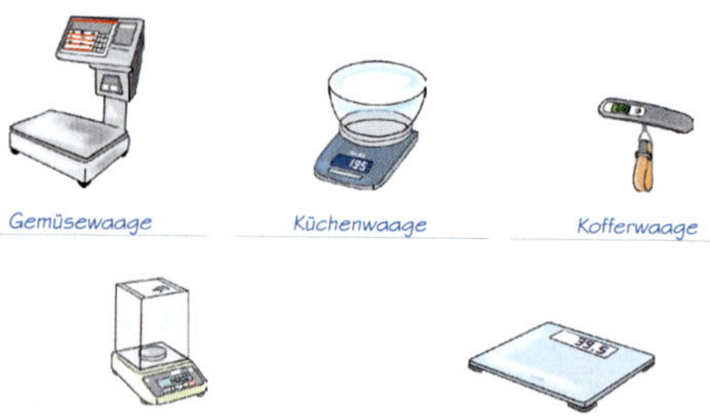

Gemüsewaage *Küchenwaage* *Kofferwaage*

Apothekerwaage *Personenwaage*

2 Verbinde jedes Bild mit der passenden Waage und dem passenden Gewicht.

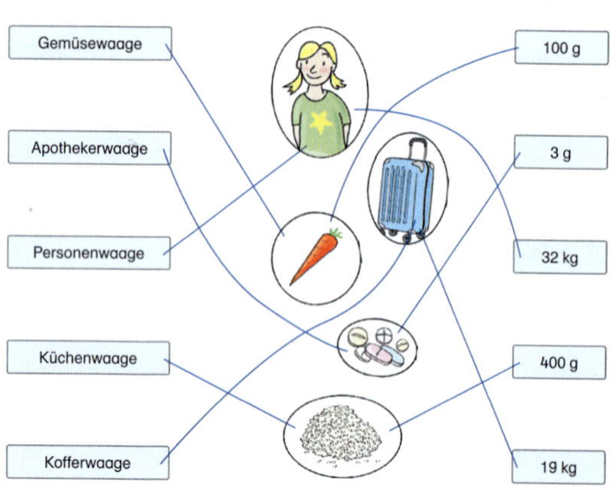

Kilogramm und Gramm – Bruchzahlen

1 kg = 1 000 g
$\frac{1}{2}$ kg = 500 g
$\frac{1}{4}$ kg = 250 g
$\frac{3}{4}$ kg = 750 g

1 Kilogramm = 1 000 Gramm
1 kg = 1 000 g

1 Ergänze.

a) Ein Dreiviertelkilogramm sind *750* g.
b) Ein *halbes Kilogramm* sind 500 g.
c) Ein Kilogramm sind *1000* g.
d) Ein Viertelkilogramm sind *250* g.

2 Ergänze.

a)
200 g + *300 g* = $\frac{1}{2}$ kg
350 g + *150 g* = $\frac{1}{2}$ kg
101 g + *399 g* = $\frac{1}{2}$ kg
3 g + *497 g* = $\frac{1}{2}$ kg
199 g + *301 g* = $\frac{1}{2}$ kg

b)
100 g + *150 g* = $\frac{1}{4}$ kg
70 g + *180 g* = $\frac{1}{4}$ kg
180 g + *70 g* = $\frac{1}{4}$ kg
245 g + *5 g* = $\frac{1}{4}$ kg
8 g + *242 g* = $\frac{1}{4}$ kg

c)
600 g + *150 g* = $\frac{3}{4}$ kg
450 g + *300 g* = $\frac{3}{4}$ kg
35 g + *715 g* = $\frac{3}{4}$ kg
399 g + *351 g* = $\frac{3}{4}$ kg
555 g + *195 g* = $\frac{3}{4}$ kg

d)
15 g + *735 g* = $\frac{3}{4}$ kg
183 g + *67 g* = $\frac{1}{4}$ kg
183 g + *317 g* = $\frac{1}{2}$ kg
95 g + *155 g* = $\frac{1}{4}$ kg
621 g + *129 g* = $\frac{3}{4}$ kg

3 Setze die Zeichen >, < oder = ein und ergänze.

a)
$\frac{1}{4}$ kg (<) $\frac{3}{4}$ kg
$\frac{1}{2}$ kg (>) $\frac{1}{4}$ kg
$\frac{3}{4}$ kg (>) $\frac{1}{2}$ kg
$\frac{1}{4}$ kg (=) $\frac{1}{4}$ kg
$\frac{1}{2}$ kg (<) 1 kg

b)
$\frac{1}{4}$ kg (>) 170 g
$\frac{3}{4}$ kg (=) 750 g
$\frac{1}{2}$ kg (>) 499 g
$\frac{1}{4}$ kg (<) 260 g
1 kg (>) 100 g

* c)
$\frac{1}{2}$ kg > *400 g*
$\frac{3}{4}$ kg < *800 g*
$\frac{1}{2}$ kg < *600 g*
1 kg > *900 g*
$\frac{1}{2}$ kg = *500 g*

* *Beispiellösung*

Wiegen mit der Balkenwaage

1 Wie viel wiegt es? Schreibe auf.

a)

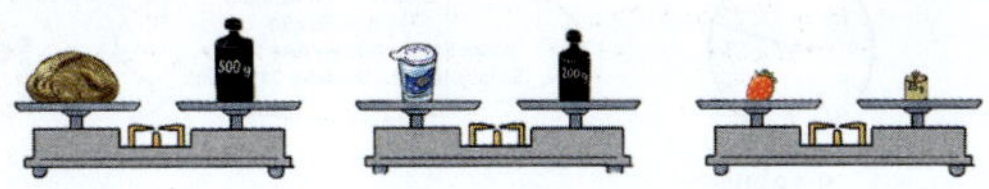

1 Brot: *500* g — 1 Joghurt: *200* g — 1 Erdbeere: *20* g

b)

3 Äpfel: *750* g — 1 Brokkoli: *350* g — 2 Gurken: *800* g

c)

5 Birnen: *1000* g — 6 Orangen: *900* g — 4 Kiwis: *300* g

d)

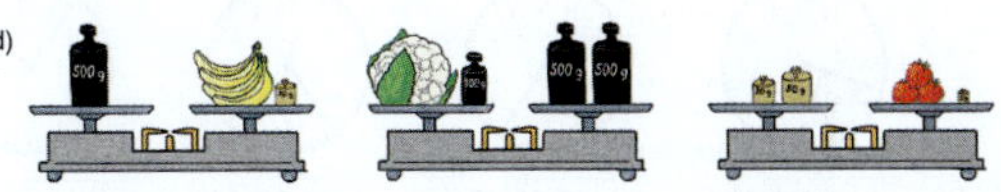

4 Bananen: *480* g — 1 Blumenkohl: *900* g — 3 Erdbeeren: *65* g

Sachaufgaben – Gramm

1 Finde eine Frage (F) und einen Lösungsweg (L). Schreibe eine Antwort (A) auf.

a) Freddy möchte 24 Muffins backen. Im Rezept steht, dass er dazu 480 g Mehl braucht. Leider hat er nur noch $\frac{1}{4}$ kg Mehl.

F: *Wie viel Gramm Mehl fehlen Freddy?*

L: *480 g − 250 g = 230 g*
480 g − 200 g = 280 g
280 g − 50 g = 230 g

A: *Freddy fehlen 230 g Mehl.*

b) Lisa hat ein Rezept für 10 Brötchen. Sie braucht 480 g Mehl und 350 g Wasser. Die Hefe und das Salz wiegen zusammen 15 g.

F: *Wie viel wiegt der gesamte Teig?*

L: *480 g + 350 g = 830 g* *830 g + 15 g = 845 g*
480 g + 300 g = 780 g
780 g + 50 g = 830 g

A: *Der gesamte Teig wiegt 845 g.*

c) Herr Lauber backt ein Brot, das $\frac{3}{4}$ kg wiegt.
Für den Teig hat er 450 g Mehl, 100 g Kürbis- und Sonnenblumenkerne, 250 g Buttermilch, 150 g Wasser und 25 g für Salz, Hefe und Öl gebraucht. Beim Backen im Ofen geht viel Gewicht verloren.

F: *Wie viel Gramm gehen beim Backen verloren?*

L: *450 g + 100 g = 550 g* *975 g − 750 g = 225 g*
550 g + 250 g = 800 g *975 g − 700 g = 275 g*
800 g + 150 g = 950 g *275 g − 50 g = 225 g*
950 g + 25 g = 975 g

A: *Beim Backen gehen 225 g verloren.*

Sachaufgaben – Kilogramm

1 Finde einen Lösungsweg (L) und schreibe eine Antwort (A) auf.

a) 5 Kinder der Klasse 3a wiegen sich und tragen ihre Gewichte in eine Tabelle ein.

Name	Lamiya	Luis	Marik	Mara	Pia
Gewicht	31 kg	28 kg	39 kg	34 kg	32 kg

Pia behauptet: Das leichteste und das schwerste Kind wiegen zusammen weniger als 70 kg.

F: Hat Pia recht?

L: *28 kg + 39 kg = 67 kg*
67 kg < 70 kg

A: *Pia hat recht.*

b) Lamiya, Luis und Marik stehen zusammen auf der Waage.

F: Wie viel Kilogramm fehlen zu 100 kg?

L: *31 kg + 28 kg = 59 kg*
59 kg + 39 kg = 98 kg
100 g − 98 kg = 2 kg

A: *Es fehlen 2 kg zu 100 kg.*

c) Auf dem Schild beim Klettergerüst steht „Maximale Belastung: 150 kg".

F: Dürfen die 5 Kinder gemeinsam auf das Klettergerüst? Rechne geschickt.

L: *31 kg + 28 kg = 59 kg*
59 kg + 39 kg = 98 kg
98 kg + 34 kg = 132 kg
132 kg + 32 kg = 164 kg
164 kg > 150 kg

A: *Die 5 Kinder dürfen nicht gemeinsam auf das Klettergerüst.*

Uhrzeiten ablesen

9:12 Uhr

21:12 Uhr

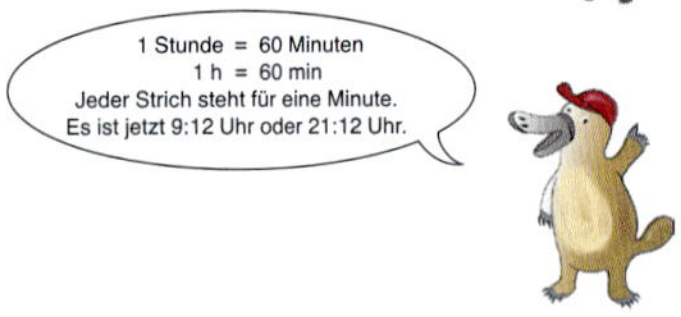

1 Wie spät ist es? Schreibe beide Uhrzeiten auf.

a)

3:45 Uhr	8:30 Uhr	11:15 Uhr	9:30 Uhr
15:45 Uhr	20:30 Uhr	23:15 Uhr	21:30 Uhr

b)

7:10 Uhr	0:50 Uhr	2:35 Uhr	10:05 Uhr
19:10 Uhr	12:50 Uhr	14:35 Uhr	22:05 Uhr

c)

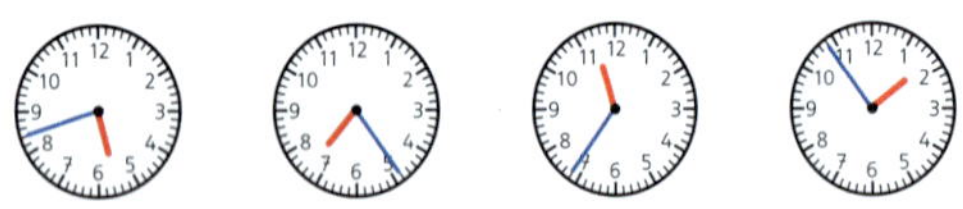

5:42 Uhr	7:24 Uhr	11:36 Uhr	1:54 Uhr
17:42 Uhr	19:24 Uhr	23:36 Uhr	13:54 Uhr

Uhrzeiten einzeichnen

1 Zeichne die Zeiger ein und schreibe die fehlende Uhrzeit auf.

a)

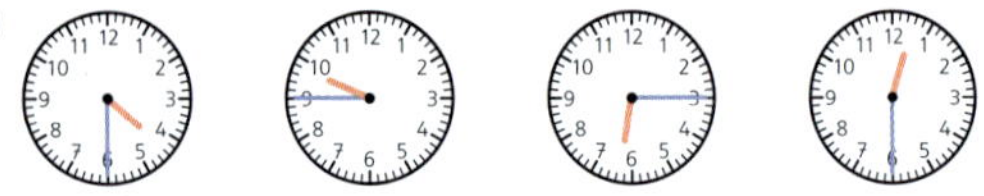

4:30 Uhr	9:45 Uhr	6:15 Uhr	0:30 Uhr
16:30 Uhr	21:45 Uhr	18:15 Uhr	12:30 Uhr

b)

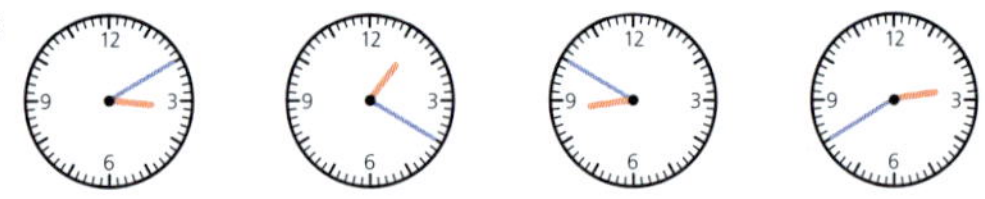

3:10 Uhr	1:20 Uhr	8:50 Uhr	2:40 Uhr
15:30 Uhr	13:20 Uhr	20:50 Uhr	14:40 Uhr

c)

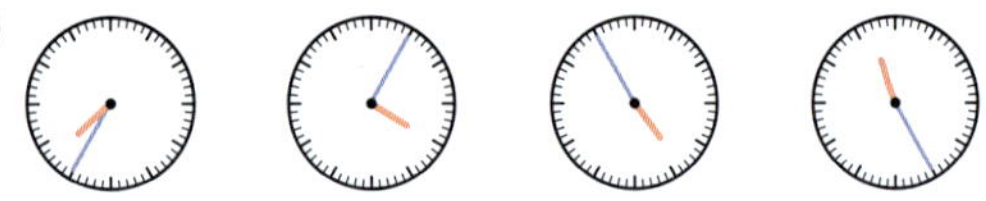

7:35 Uhr	4:05 Uhr	4:55 Uhr	11:25 Uhr
19:35 Uhr	16:05 Uhr	16:55 Uhr	23:25 Uhr

d)

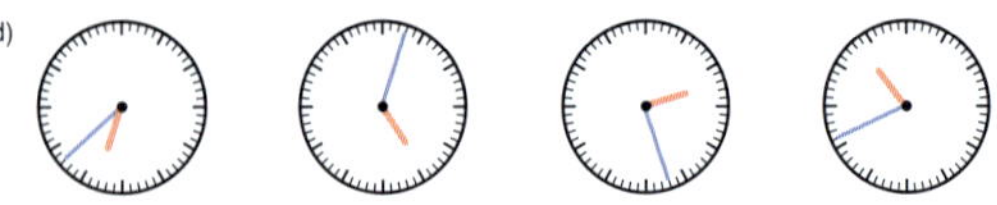

6:38 Uhr	5:03 Uhr	2:27 Uhr	10:41 Uhr
18:38 Uhr	17:03 Uhr	14:27 Uhr	22:41 Uhr

Stunde, Minute und Sekunde – Bruchzahlen

1 h = 60 min
$\frac{1}{2}$ h = 30 min
$\frac{1}{4}$ h = 15 min
$\frac{3}{4}$ h = 45 min

1 min = 60 s
$\frac{1}{2}$ min = 30 s
$\frac{1}{4}$ min = 15 s
$\frac{3}{4}$ min = 45 s

1 Ergänze die Tabelle. Die Karten helfen dir.

	Stunde (h) mit Bruchzahl	Minuten (min)
eine Stunde	1h	60 min
eine halbe Stunde	$\frac{1}{2}$ h	30 min
eine Viertelstunde	$\frac{1}{4}$ h	15 min
eine Dreiviertelstunde	$\frac{3}{4}$ h	45 min

Karten: 1 h, $\frac{3}{4}$ h, $\frac{1}{4}$ h, $\frac{1}{2}$ h, 15 min, 60 min, 30 min, 45 min

2 Ergänze die Tabelle. Die Karten helfen dir.

	Minute (min) mit Bruchzahl	Sekunden (s)
eine Minute	1 min	60 s
eine halbe Minute	$\frac{1}{2}$ min	30 s
eine Viertelminute	$\frac{1}{4}$ min	15 s
eine Dreiviertelminute	$\frac{3}{4}$ min	45 s

Karten: $\frac{1}{2}$ min, 1 min, $\frac{3}{4}$ min, $\frac{1}{4}$ min, 45 s, 60 s, 30 s, 15 s

3 Ergänze.

a) 45 min + 15 min = 1 h
3 min + 57 min = 1 h
20 min + 40 min = 1 h
18 min + 42 min = 1 h

b) 15 min + 15 min = $\frac{1}{2}$ h
9 min + 21 min = $\frac{1}{2}$ h
24 min + 6 min = $\frac{1}{2}$ h
16 min + 14 min = $\frac{1}{2}$ h

c) 10 min + 5 min = $\frac{1}{4}$ h
2 min + 13 min = $\frac{1}{4}$ h
11 min + 4 min = $\frac{1}{4}$ h
8 min + 7 min = $\frac{1}{4}$ h

d) 30 min + 15 min = $\frac{3}{4}$ h
27 min + 18 min = $\frac{3}{4}$ h
4 min + 41 min = $\frac{3}{4}$ h
16 min + 29 min = $\frac{3}{4}$ h

Stunde, Minute und Sekunde – Umwandeln

1 Wandle um in Minuten (min).

3 h 20 min = 3 · 60 min + 20 min = 180 min + 20 min = 200 min
6 h 5 min = 6 · 60 min + 5 min = 360 min + 5 min = 365 min
1 h 55 min = 1 · 60 min + 55 min = 60 min + 55 min = 115 min
2 h 10 min = 2 · 60 min + 10 min = 120 min + 10 min = 130 min
4 h 30 min = 4 · 60 min + 30 min = 240 min + 30 min = 270 min
8 h 45 min = 8 · 60 min + 45 min = 480 min + 45 min = 525 min

2 Wandle um in Sekunden (s).

5 min 10 s = 5 · 60 s + 10 s = 300 s + 10 s = 310 s
3 min 35 s = 3 · 60 s + 35 s = 180 s + 35 s = 215 s
7 min 40 s = 7 · 60 s + 40 s = 420 s + 40 s = 460 s
1 min 50 s = 1 · 60 s + 50 s = 60 s + 50 s = 110 s
9 min 15 s = 9 · 60 s + 15 s = 540 s + 15 s = 555 s
2 min 25 s = 2 · 60 s + 25 s = 120 s + 25 s = 145 s

3 Wandle im Kopf in die kleinere Einheit um.

a) 5 h 4 min = 304 min
10 h 31 min = 631 min
7 h 19 min = 439 min
9 h 46 min = 586 min

b) 4 min 3 s = 243 s
8 min 37 s = 517 s
6 min 52 s = 412 s
10 min 48 s = 648 s

4 Setze ein: >, < oder =.

a) 1 h = 60 min
$\frac{1}{2}$ h > 25 min
$\frac{1}{4}$ h < 30 min
$\frac{3}{4}$ h > 15 min

b) $\frac{3}{4}$ h > 34 min
$\frac{1}{2}$ h < 50 min
$\frac{1}{4}$ h = 15 min
1 h < 70 min

c) 1 min > 6 s
$\frac{1}{2}$ min < 45 s
$\frac{1}{4}$ min > 10 s
$\frac{3}{4}$ min = 45 s

d) $\frac{1}{4}$ min < 24 s
$\frac{3}{4}$ min = 45 s
$\frac{1}{2}$ min > 12 s
1 min < 100 s

Anfang	Dauer	Ende

10:45 Uhr —20 min→ 11:05 Uhr

10:45 Uhr —15 min→ 11:00 Uhr —5 min→ 11:05 Uhr

1 Wie spät ist es? Rechne zuerst die untere Zeile.

a)
8:50 Uhr —15 min→ 9:05 Uhr
8:50 Uhr —10 min→ 9:00 Uhr —5 min→ 9:05 Uhr

b)
11:45 Uhr —40 min→ 12:25 Uhr
11:45 Uhr —15 min→ 12:00 Uhr —25 min→ 12:25 Uhr

c)
17:40 Uhr —55 min→ 18:35 Uhr
17:40 Uhr —20 min→ 18:00 Uhr —35 min→ 18:35 Uhr

d)
21:35 Uhr —35 min→ 22:10 Uhr
21:35 Uhr —25 min→ 22:00 Uhr —10 min→ 22:10 Uhr

2 Wie spät ist es?

a) in 15 min →

Anfang	Ende
6:10 Uhr	6:25 Uhr
8:15 Uhr	8:30 Uhr
14:25 Uhr	14:40 Uhr
16:38 Uhr	16:53 Uhr
21:54 Uhr	22:09 Uhr

b) in 56 min →

Anfang	Ende
4:02 Uhr	4:58 Uhr
9:10 Uhr	10:06 Uhr
12:37 Uhr	13:33 Uhr
17:43 Uhr	18:39 Uhr
23:05 Uhr	0:01 Uhr

Anfang	Dauer	Ende

8:25 Uhr —58 min→ 9:23 Uhr

8:25 Uhr —35 min→ 9:00 Uhr —23 min→ 9:23 Uhr

1 Wie lange dauert es? Rechne zuerst die untere Zeile.

a)
8:55 Uhr —40 min→ 9:35 Uhr
8:55 Uhr —5 min→ 9:00 Uhr —35 min→ 9:35 Uhr

b)
15:40 Uhr —45 min→ 16:25 Uhr
15:40 Uhr —20 min→ 16:00 Uhr —25 min→ 16:25 Uhr

c)
11:50 Uhr —33 min→ 12:23 Uhr
11:50 Uhr —10 min→ 12:00 Uhr —23 min→ 12:23 Uhr

d)
18:45 Uhr —56 min→ 19:41 Uhr
18:45 Uhr —15 min→ 19:00 Uhr —41 min→ 19:41 Uhr

2 Wie viel Zeit ist vergangen?

a)

Anfang	Dauer →	Ende
5:15 Uhr	35 min	5:50 Uhr
9:09 Uhr	21 min	9:30 Uhr
10:20 Uhr	25 min	10:45 Uhr
13:05 Uhr	31 min	13:36 Uhr
18:12 Uhr	47 min	18:59 Uhr

b)

Anfang	Dauer →	Ende
7:55 Uhr	33 min	8:28 Uhr
9:35 Uhr	39 min	10:14 Uhr
12:20 Uhr	46 min	13:06 Uhr
15:40 Uhr	32 min	16:12 Uhr
20:45 Uhr	54 min	21:39 Uhr

Anfang	Dauer	Ende

10:45 Uhr —4 h 20 min→ 15:05 Uhr

10:45 Uhr —4 h→ 14:45 Uhr —20 min→ 15:05 Uhr

1 Wie spät ist es? Rechne zuerst die untere Zeile.

a)
15:25 Uhr —3 h 15 min→ 18:40 Uhr
15:25 Uhr —3 h→ 18:25 Uhr —15 min→ 18:40 Uhr

b)
11:10 Uhr —6 h 45 min→ 17:55 Uhr
11:10 Uhr —6 h→ 17:10 Uhr —45 min→ 17:55 Uhr

c)
20:55 Uhr —1 h 40 min→ 22:35 Uhr
20:55 Uhr —1 h→ 21:55 Uhr —40 min→ 22:35 Uhr

d)
22:45 Uhr —2 h 30 min→ 1:15 Uhr
22:45 Uhr —2 h→ 0:45 Uhr —30 min→ 1:15 Uhr

2 Wie spät ist es?

a) in 2 h 40 min →

Anfang	Ende
5:05 Uhr	7:45 Uhr
8:17 Uhr	10:57 Uhr
11:20 Uhr	14:00 Uhr
19:36 Uhr	22:16 Uhr
20:40 Uhr	23:20 Uhr

b) in 5 h 38 min →

Anfang	Ende
3:02 Uhr	8:40 Uhr
9:15 Uhr	14:53 Uhr
12:37 Uhr	18:15 Uhr
17:50 Uhr	23:28 Uhr
22:22 Uhr	4:00 Uhr

Anfang	Dauer	Ende

8:25 Uhr —3 h 50 min→ 12:15 Uhr

8:25 Uhr —35 min→ 9:00 Uhr —3 h→ 12:00 Uhr —15 min→ 12:15 Uhr

35 min + 3 h + 15 min = 3 h 50 min

1 Wie lange dauert es? Rechne zuerst die untere Zeile.

a)
4:55 Uhr —6 h 37 min→ 11:32 Uhr
4:55 Uhr —5 min→ 5:00 Uhr —6 h→ 11:00 Uhr —32 min→ 11:32 Uhr

5 min + 6 h + 32 min = 6 h 37 min

b)
15:30 Uhr —7 h 53 min→ 23:23 Uhr
15:30 Uhr —30 min→ 16:00 Uhr —7 h→ 23:00 Uhr —23 min→ 23:23 Uhr

30 min + 7 h + 23 min = 7 h 53 min

c)
11:40 Uhr —4 h 39 min→ 16:19 Uhr
11:40 Uhr —20 min→ 12:00 Uhr —4 h→ 16:00 Uhr —19 min→ 16:19 Uhr

20 min + 4 h + 19 min = 4 h 39 min

Zugverbindung 1

Bahnhof	Uhrzeit
Hamburg	ab 8:28 Uhr
ICE 1577	
Hannover	an 9:58 Uhr
Hannover	ab 10:26 Uhr
ICE 585	
München	an 14:41 Uhr

Zugverbindung 2

Bahnhof	Uhrzeit
Hamburg	ab 9:01 Uhr
ICE 585	
München	an 14:41 Uhr

Zugverbindung 3

Bahnhof	Uhrzeit
Hamburg	ab 10:01 Uhr
ICE 787	
München	an 16:02 Uhr

Lies die Antworten (A) der Aufgaben 1, 2 und 3 aus den Fahrplänen ab und schreibe sie auf.

1 Familie Hentrich möchte mit Zugverbindung 1 von Hamburg nach München fahren.

a) Um wie viel Uhr fährt der Zug in Hamburg ab?

A: *Der Zug fährt um 8:28 Uhr in Hamburg ab.*

b) Wann kommt der Zug in Hannover an?

A: *Der Zug kommt um 9:58 Uhr in Hannover an.*

c) In Hannover muss Familie Hentrich in einen anderen Zug umsteigen.
Wann fährt der neue Zug in Hannover ab?

A: *Der neue Zug fährt um 10:26 Uhr in Hannover ab.*

d) Wann kommt Familie Hentrich in München an?

A: *Familie Hentrich kommt um 14:41 Uhr in München an.*

2 Familie Krause erreicht den Bahnsteig in Hamburg erst um 9:15 Uhr.

a) Welche Zugverbindung ist die nächste, die sie nehmen kann?

A: *Die nächste Zugverbindung, die sie nehmen kann, ist Zugverbindung 3.*

b) Wann kommt der Zug in München an?

A: *Der Zug kommt um 16:02 Uhr in München an.*

3 Zwei Züge kommen gleichzeitig in München an. Welche Zugverbindungen sind das?

A: *Es sind die Zugverbindungen 1 und 2.*

Löse die Aufgaben mit Hilfe der Fahrpläne auf Seite 38.
Finde einen Lösungsweg (L) mit Pfeilbild und schreibe die Antwort (A) auf.

Frage (F)
Lösungsweg (L)
Antwort (A)

1 Familie Hentrich steigt in Hannover um.

F: Wie viel Zeit hat Familie Hentrich zum Umsteigen?

L: *9:58* Uhr —*28 min*→ *10:26* Uhr

A: *Familie Hentrich hat 28 min zum Umsteigen.*

2 Familie Lanko erreicht den Bahnsteig um 8:52 Uhr und nimmt Zugverbindung 2.

F: Wie lange muss Familie Lanko warten, bis ihr Zug abfährt?

L: *8:52* Uhr —*9 min*→ *9:01* Uhr

A: *Familie Lanko muss 9 min warten, bis ihr Zug abfährt.*

3 Wie lange dauert die Zugfahrt von Hamburg nach München insgesamt …

a) … mit Zugverbindung 1?

L: *8:28* Uhr —*6* h *13* min→ 14:41 Uhr

8:28 Uhr —*32 min*→ *9:00* Uhr —*5 h*→ *14:00* Uhr —*41 min*→ 14:41 Uhr

A: *Mit Zugverbindung 1 dauert die Zugfahrt 6 h 13 min.*

b) … mit Zugverbindung 2?

L: *9:01* Uhr —*5* h *40* min→ *14:41* Uhr

9:01 Uhr —*59 min*→ *10:00* Uhr —*4 h*→ *14:00* Uhr —*41 min*→ *14:41* Uhr

A: *Mit Zugverbindung 2 dauert die Zugfahrt 5 h 40 min.*

c) … mit Zugverbindung 3?

L: *10:01* Uhr —*6* h *1* min→ *16:02* Uhr

10:01 Uhr —*59 min*→ *11:00* Uhr —*5 h*→ *16:00* Uhr —*2 min*→ *16:02* Uhr

A: *Mit Zugverbindung 3 dauert die Zugfahrt 6 h 1 min.*

2027

Januar

Mo	Di	Mi	Do	Fr	Sa	So
				1	2	3
4	5	6	7	8	9	10
11	12	13	14	15	16	17
18	19	20	21	22	23	24
25	26	27	28	29	30	31

Februar

Mo	Di	Mi	Do	Fr	Sa	So
1	2	3	4	5	6	7
8	9	10	11	12	13	14
15	16	17	18	19	20	21
22	23	24	25	26	27	28

März

Mo	Di	Mi	Do	Fr	Sa	So
1	2	3	4	5	6	7
8	9	10	11	12	13	14
15	16	17	18	19	20	21
22	23	24	25	26	27	28
29	30	31				

April

Mo	Di	Mi	Do	Fr	Sa	So
			1	2	3	4
5	6	7	8	9	10	11
12	13	14	15	16	17	18
19	20	21	22	23	24	25
26	27	28	29	30		

Mai

Mo	Di	Mi	Do	Fr	Sa	So
					1	2
3	4	5	6	7	8	9
10	11	12	13	14	15	16
17	18	19	20	21	22	23
24	25	26	27	28	29	30
31						

Juni

Mo	Di	Mi	Do	Fr	Sa	So
	1	2	3	4	5	6
7	8	9	10	11	12	13
14	15	16	17	18	19	20
21	22	23	24	25	26	27
28	29	30				

Juli

Mo	Di	Mi	Do	Fr	Sa	So
			1	2	3	4
5	6	7	8	9	10	11
12	13	14	15	16	17	18
19	20	21	22	23	24	25
26	27	28	29	30	31	

August

Mo	Di	Mi	Do	Fr	Sa	So
						1
2	3	4	5	6	7	8
9	10	11	12	13	14	15
16	17	18	19	20	21	22
23	24	25	26	27	28	29
30	31					

September

Mo	Di	Mi	Do	Fr	Sa	So
		1	2	3	4	5
6	7	8	9	10	11	12
13	14	15	16	17	18	19
20	21	22	23	24	25	26
27	28	29	30			

Oktober

Mo	Di	Mi	Do	Fr	Sa	So
				1	2	3
4	5	6	7	8	9	10
11	12	13	14	15	16	17
18	19	20	21	22	23	24
25	26	27	28	29	30	31

November

Mo	Di	Mi	Do	Fr	Sa	So
1	2	3	4	5	6	7
8	9	10	11	12	13	14
15	16	17	18	19	20	21
22	23	24	25	26	27	28
29	30					

Dezember

Mo	Di	Mi	Do	Fr	Sa	So
		1	2	3	4	5
6	7	8	9	10	11	12
13	14	15	16	17	18	19
20	21	22	23	24	25	26
27	28	29	30	31		

1 Ergänze.

a) Eine Woche hat *7* Tage.

b) Ein Jahr hat *12* Monate.

c) Ein Monat hat *28*, *29*, *30* oder *31* Tage.

d) Ein Jahr hat *365* oder *366* Tage.

e) Der Februar hat genau *4* Wochen.

f) Ein Jahr hat etwas mehr als *52* Wochen.

2 Untersuche den Kalender für 2027 und beantworte die Frage.

a) In welchen Monaten fällt der 1. Tag auf einen Montag?

Februar, März, November

b) Welche Monate haben 5 Sonntage?

Januar, Mai, August, Oktober

c) Welche Jahreszeit beginnt an diesen Tagen?

20. März 2027: *Frühling* 21. Juni 2027: *Sommer*

23. September 2027: *Herbst* 22. Dezember 2027: *Winter*

d) Der 31. Dezember 2027 ist ein Freitag. Welcher Wochentag ist am 5. Januar 2028?

Der 5. Januar 2028 ist ein Mittwoch.

1 Heute ist der 11. April. Mascha hat in genau 3 Monaten Geburtstag.

F: Wann ist Maschas Geburtstag?

A: *Maschas Geburtstag ist am 11. Juli.*

2 Leon hat am 3. August Geburtstag.
Sein Bruder Tim hat genau 4 Wochen später Geburtstag.

F: Wann ist Tims Geburtstag?

A: *Tims Geburtstag ist am 31. August.*

3 Elay kann es kaum erwarten, bis Heiligabend (24.12.) ist. Heute ist der 25. November.

F: Wie viele Wochen und Tage muss Elay noch warten?

A: *Elay muss noch 4 Wochen und einen Tag warten.*

4 Am 12. September enden die Sommerferien. Die Herbstferien beginnen am 1. November.

F: Wie viele Wochen gehen die Kinder zwischen den Ferien zur Schule?

A: *Die Kinder gehen 7 Wochen zwischen den Ferien zur Schule.*

5 Heute ist der 1. Oktober. Solveig sagt: „Meine kleine Schwester ist heute genau 4 Monate und 12 Tage alt."

F: An welchem Datum ist Solveigs Schwester geboren?

A: *Solveigs Schwester ist am 20. Mai geboren.*

6 Am 9. Juni meint Herr Münch: „Vor genau 100 Tagen habe ich angefangen, an meiner neuen Arbeitsstelle zu arbeiten."

F: An welchem Datum hat Herr Münch an seiner neuen Arbeitsstelle angefangen?

A: *Herr Münch hat an seiner neuen Arbeitsstelle am 1. März angefangen.*

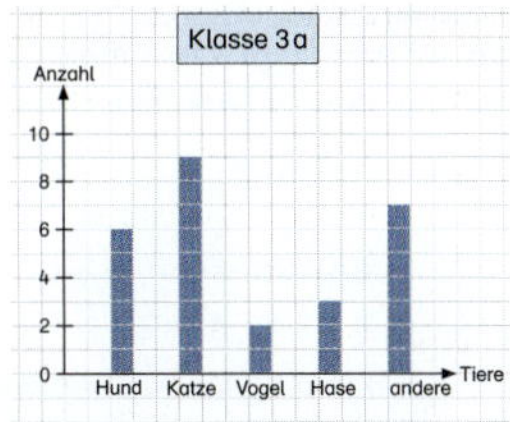

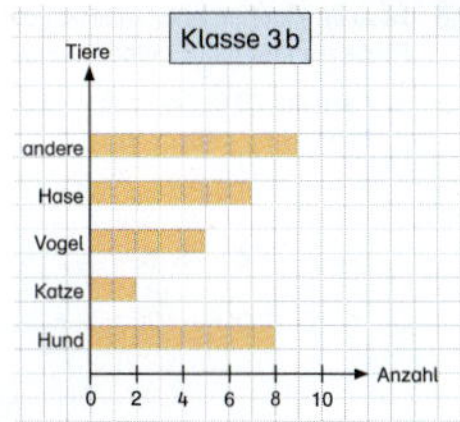

1 Die Kinder der Klassen 3a und 3b haben aufgeschrieben, wie viele Haustiere sie haben. Die Ergebnisse haben sie in Diagrammen dargestellt.

a) Schreibe auf, wie viele Haustiere die Kinder von jeder Tierart haben.

Klasse 3a:		Klasse 3b:	
6 Hunde	9 Katzen	8 Hunde	5 Vögel
2 Vögel	3 Hasen	2 Katzen	7 Hasen
7 andere Haustiere		9 andere Haustiere	

* b) Vergleiche die Anzahl der Tiere in den beiden Klassen. Schreibe 5 Sätze auf.

In Klasse 3a haben die Kinder 2 Hunde weniger als in Klasse 3b.
In Klasse 3a haben die Kinder 7 Katzen mehr als in Klasse 3b.
In Klasse 3a haben die Kinder 3 Vögel weniger als in Klasse 3b.
In Klasse 3a haben die Kinder 4 Hasen weniger als in Klasse 3b.
In Klasse 3a haben die Kinder 2 andere Haustiere weniger als in Klasse 3b.

c) Rechne aus, wie viele Haustiere die Kinder in jeder Klasse insgesamt haben.

Klasse 3a: 6 + 9 + 2 + 3 + 7 = 27
Klasse 3b: 8 + 2 + 5 + 7 + 9 = 31

Die Kinder in Klasse 3a haben insgesamt *27* Haustiere.
Die Kinder in Klasse 3b haben insgesamt *31* Haustiere.

1 Entscheide mit Hilfe der Diagramme von Seite 42, ob die Sätze richtig oder falsch sind. Kreuze an.

	richtig	falsch
Die Kinder in Klasse 3a haben insgesamt mehr Hunde und Katzen als die Kinder in Klasse 3b.	X	
Man kann in den Diagrammen nicht ablesen, wie viele Meerschweinchen die Kinder haben.	X	
Insgesamt haben die Kinder mehr Vögel als Hasen.		X
Die Katze ist in beiden Klassen das häufigste Haustier.		X
Die Kinder in den beiden Klassen haben mehr vierbeinige als zweibeinige Haustiere.	X	

2 In Klasse 3a sind 25 Kinder. 11 Kinder haben kein Haustier. Die Hälfte der restlichen Kinder hat nur ein Haustier.

F: Wie viele Kinder haben mehrere Haustiere?

L: *25 − 11 = 14*
14 : 2 = 7

A: *7 Kinder haben mehrere Haustiere.*

3 In Klasse 3b sind 22 Kinder. Alle Kinder haben Haustiere, 5 Kinder haben sogar mehr als ein Haustier.

F: Wie viele Haustiere haben diese 5 Kinder insgesamt?

L: *22 − 5 = 17*
31 − 17 = 14

A: *Diese 5 Kinder haben insgesamt 14 Haustiere.*

4 Die Lehrerin Frau Meyer hat ein Aquarium. Sie sagt: „In meinem Aquarium schwimmen halb so viele Fische wie die beiden Klassen insgesamt Haustiere haben."

F: Wie viele Fische hat Frau Meyer?

L: *27 + 31 = 58*
58 : 2 = 29

A: *Frau Meyer hat 29 Fische.*

Mit 10 Punkten kann man genau ½ Stunde auf die Hüpfburg.	T-Shirt bemalen kostet am meisten Punkte.	Essen und Getränke kann man nicht mit Punkten bezahlen.	Bei allen Angeboten kann man Schul-Taler gewinnen.
richtig ( )	richtig (X)	richtig (X)	richtig ( )
falsch (X)	falsch ( )	falsch ( )	falsch (X)

1 Beim Schulfest der Hebelschule gibt es viele Angebote. Man kann eine 30-Punkte-Karte kaufen. Jedes Angebot kostet unterschiedlich viele Punkte. Zu gewinnen gibt es Schul-Taler. Entscheide, ob die Aussagen richtig oder falsch sind. Kreuze an.

Beim Dosenwerfen kann man mit nur 2 Punkten 4 Schul-Taler gewinnen.	Beim Menschenkicker gewinnt immer jemand Schul-Taler.	Das Gewinnerteam beim Menschenkicker erhält 10 Schul-Taler.	Beim Nagelbalken gewinnt man auf jeden Fall mindestens einen Schul-Taler.
richtig ( )	richtig (X)	richtig (X)	richtig ( )
falsch (X)	falsch ( )	falsch ( )	falsch (X)

Sachaufgaben – Beim Schulfest

1 Löse die Sachaufgabe mit Hilfe der Informationen von Seite 44 und 45. Finde einen Lösungsweg (L) und schreibe eine Antwort (A) auf.

a) Marie kauft eine 30-Punkte-Karte. Sie ist eine halbe Stunde auf der Hüpfburg, schlägt 8-mal beim Nagelbalken und wirft 9 Würfe beim Dosenwerfen.

F: Wie viele Punkte hat Marie noch übrig?

L: 6 P + 3 P + 6 P = 15 P

30 P − 15 P = 15 P

A: *Marie hat noch 15 P übrig.*

b) Nils kauft auch eine 30-Punkte-Karte. Er möchte kein T-Shirt bemalen. Jedes andere Angebot möchte er genau einmal machen.

F: Reicht Nils' 30-Punkte-Karte dafür?

L: 3 P + 4 P + 2 P + 5 P + 3 P + 5 P + 2 P = 24 P

24 P < 30 P

A: *Nils' 30-Punkte-Karte reicht dafür.*

c) Nils möchte möglichst viele Schul-Taler gewinnen, wenn er jedes Angebot genau einmal macht.

F: Wie viele Schul-Taler kann Nils höchstens gewinnen?

L: 1 + 3 + 3 + 2 + 2 = 11

A: *Nils kann höchstens 11 Schul-Taler gewinnen.*

d) Sophia findet heraus, dass sie beim Dosenwerfen mit der 30-Punkte-Karte 30 Schul-Taler gewinnen kann, wenn sie immer alle Dosen trifft.

F: Bei welchem Angebot kann Sophie mit der 30-Punkte-Karte auch 30 Schul-Taler gewinnen?

L: Nagelbalken: 10 · 3 P = 30 P

A: *Sophie kann beim Nagelbalken auch 30 Schul-Taler gewinnen.*

Sachaufgaben – Beim Schulfest

* **1** Löse die Sachaufgabe mit Hilfe der Informationen von Seite 44 und 45. Finde eine Frage (F), einen Lösungsweg (L) und schreibe eine Antwort (A) auf.

a) Ayse hat 20 €. Sie kauft eine 30-Punkte-Karte. Später isst sie Nudeln mit Soße und trinkt eine Apfelschorle.

F: *Wie viel Euro hat Ayse noch übrig?*

L: 20 € − 5 € = 15 €

5,50 € + 3,20 € = 8,70 €

15,00 € − 8,70 € = 6,30 €

15,00 € − 8,00 € = 7,00 €

7,00 € − 0,70 € = 6,30 €

A: *Ayse hat noch 6,30 € übrig.*

b) Owen möchte gerne 10 Schul-Taler gewinnen. Beim Fußballdart hat Owen 80 Punkte erzielt. Beim Nagelbalken hat er mit 5 Schlägen den Nagel versenkt. Seine Mannschaft hat beim Menschenkicker gewonnen und beim Dosenwerfen hat er 8 Dosen getroffen.

F: *Hat Owen sein Ziel erreicht?*

L: 2 + 3 + 2 + 0 = 7

7 < 10

A: *Owen hat sein Ziel nicht erreicht. Ihm fehlen 3 Schul-Taler.*

c) Herr Botha kauft für jedes seiner 3 Kinder eine 30-Punkte-Karte. Am Getränkestand bestellt er 3-mal das gleiche Getränk. Am Abend sagt Herr Botha: „Ich habe beim Schulfest genau 24,60 € ausgegeben."

F: *Welches Getränk hat Herr Botha bestellt?*

L: 3 · 5,00 € = 15,00 €

24,60 € − 15,00 € = 9,60 €   9,60 € : 3 = 3,20 €

24,60 € − 10,00 € = 14,60 €   9,00 € : 3 = 3,00 €

14,60 € − 5,00 € = 9,60 €   0,60 € : 3 = 0,20 €

A: *Herr Botha hat Apfelschorle bestellt.*

Größen üben

1 Verbinde die Wortkarten mit den jeweiligen Abkürzungen.

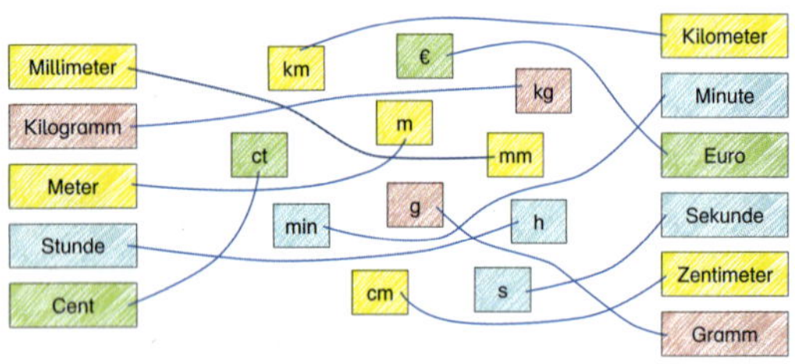

2 Male alle Karten von Aufgabe 1 mit den Farben der Größen an.

Zeit | Längen | Geld | Massen

3 Vervollständige die Sätze.

Ein Kilogramm hat *1000* Gramm.

Ein Euro hat *100* Cent.

Ein Kilometer hat *1000* Meter.
Ein Meter hat *100* Zentimeter.
Ein Zentimeter hat *10* Millimeter.

Eine Stunde hat *60* Minuten.
Eine Minute hat *60* Sekunden.

4 Immer zwei Karten gehören zusammen. Male sie mit der gleichen Farbe an.

a) $\frac{1}{4}$ km | 500 m | $\frac{3}{4}$ km | 1 km
1000 m | 750 m | 250 m | $\frac{1}{2}$ km

b) $\frac{1}{4}$ h | 45 min | $\frac{1}{2}$ h | 1 h
30 min | 60 min | $\frac{3}{4}$ h | 15 min

c) 238 ct | 2,38 € | 238 cm | 0,238 kg
2,38 m | 238 g | 0,238 km | 238 m

1 Schreibe die Namen zu den Waagen:
Personenwaage, Gemüsewaage, Küchenwaage, Apothekerwaage, Kofferwaage

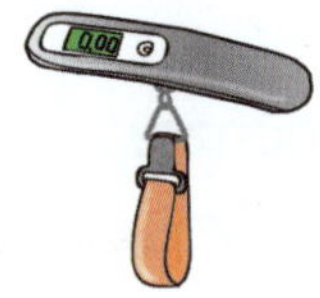

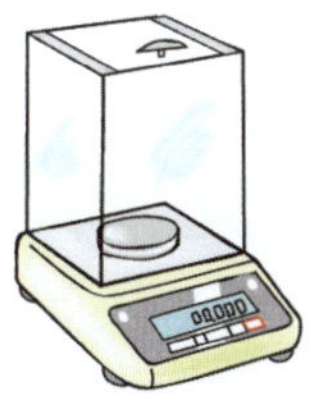

2 Verbinde jedes Bild mit der passenden Waage und dem passenden Gewicht.

Gemüsewaage

Apothekerwaage

Personenwaage

Küchenwaage

Kofferwaage

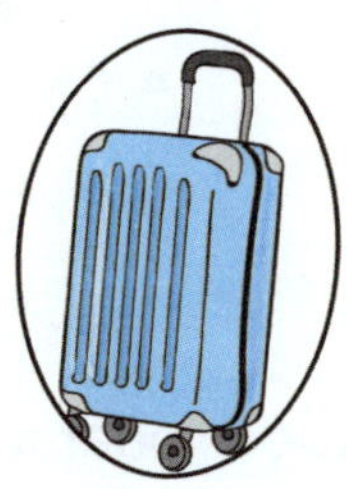

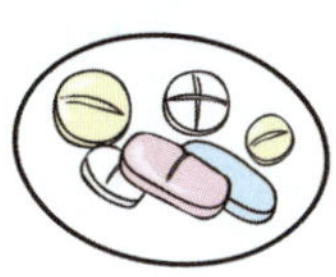

100 g

3 g

32 kg

400 g

19 kg

1 kg = 1 000 g
$\frac{1}{2}$ kg = 500 g
$\frac{1}{4}$ kg = 250 g
$\frac{3}{4}$ kg = 750 g

1 Ergänze.

a) Ein Dreiviertelkilogramm sind ________ g.

b) Ein ________________ sind 500 g.

c) Ein Kilogramm sind ________ g.

d) Ein Viertelkilogramm sind ________ g.

2 Ergänze.

a)
200 g + ________ = $\frac{1}{2}$ kg
350 g + ________ = $\frac{1}{2}$ kg
101 g + ________ = $\frac{1}{2}$ kg
3 g + ________ = $\frac{1}{2}$ kg
199 g + ________ = $\frac{1}{2}$ kg

b)
100 g + ________ = $\frac{1}{4}$ kg
70 g + ________ = $\frac{1}{4}$ kg
180 g + ________ = $\frac{1}{4}$ kg
245 g + ________ = $\frac{1}{4}$ kg
8 g + ________ = $\frac{1}{4}$ kg

c)
600 g + ________ = $\frac{3}{4}$ kg
450 g + ________ = $\frac{3}{4}$ kg
35 g + ________ = $\frac{3}{4}$ kg
399 g + ________ = $\frac{3}{4}$ kg
555 g + ________ = $\frac{3}{4}$ kg

d)
15 g + ________ = $\frac{3}{4}$ kg
183 g + ________ = $\frac{1}{4}$ kg
183 g + ________ = $\frac{1}{2}$ kg
95 g + ________ = $\frac{1}{4}$ kg
621 g + ________ = $\frac{3}{4}$ kg

3 Setze die Zeichen >, < oder = ein und ergänze.

a)
$\frac{1}{4}$ kg ○ $\frac{3}{4}$ kg
$\frac{1}{2}$ kg ○ $\frac{1}{4}$ kg
$\frac{3}{4}$ kg ○ $\frac{1}{2}$ kg
$\frac{1}{4}$ kg ○ $\frac{1}{4}$ kg
$\frac{1}{2}$ kg ○ 1 kg

b)
$\frac{1}{4}$ kg ○ 170 g
$\frac{3}{4}$ kg ○ 750 g
$\frac{1}{2}$ kg ○ 499 g
$\frac{1}{4}$ kg ○ 260 g
1 kg ○ 100 g

c)
$\frac{1}{2}$ kg > ________
$\frac{3}{4}$ kg < ________
$\frac{1}{2}$ kg < ________
1 kg > ________
$\frac{1}{2}$ kg = ________

1 Wie viel wiegt es? Schreibe auf.

a)

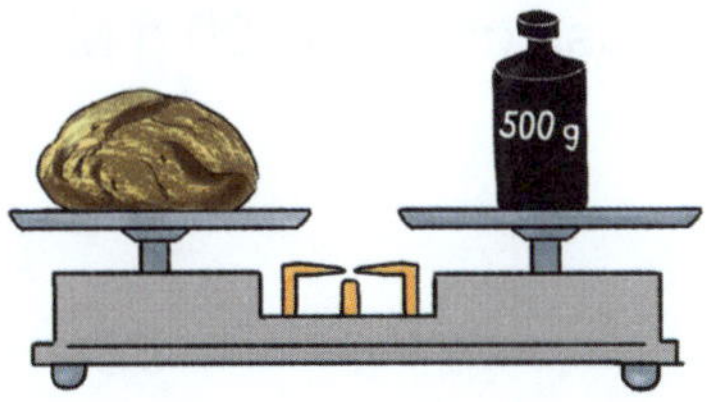

1 Brot: __________ g

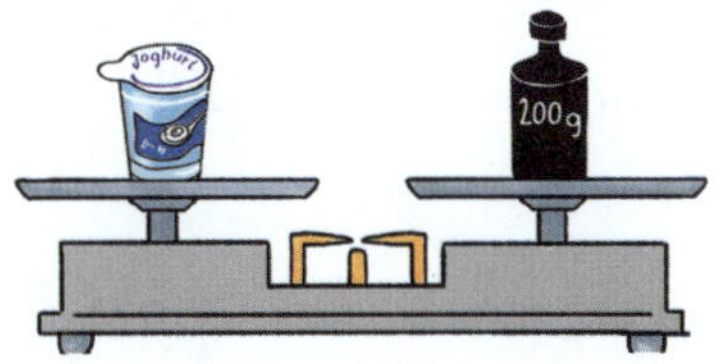

1 Joghurt: __________ g

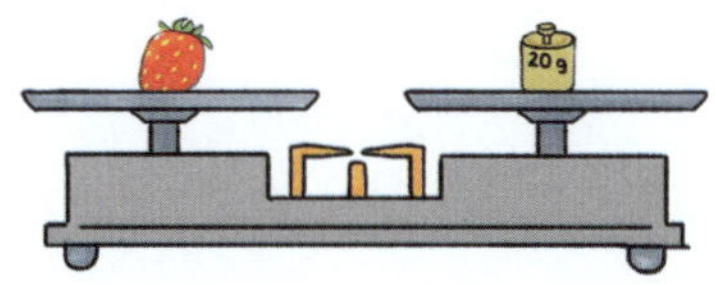

1 Erdbeere: __________ g

b)

3 Äpfel: __________ g

1 Brokkoli: __________ g

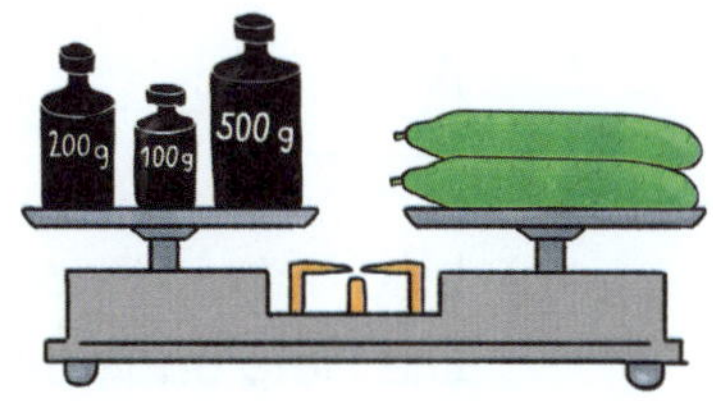

2 Gurken: __________ g

c)

5 Birnen: __________ g

6 Orangen: __________ g

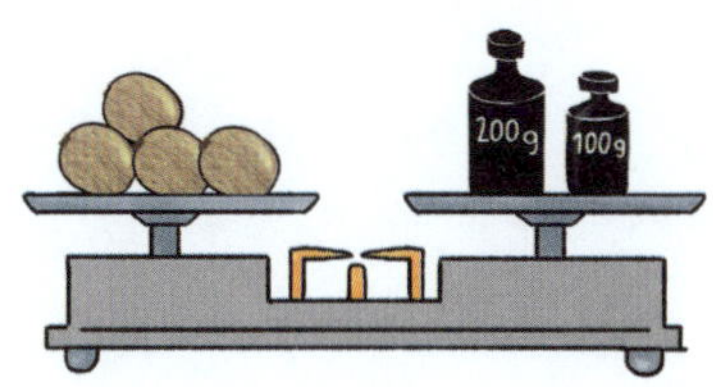

4 Kiwis: __________ g

d)

4 Bananen: __________ g

1 Blumenkohl: __________ g

3 Erdbeeren: __________ g

1 Finde eine Frage (F) und einen Lösungsweg (L). Schreibe eine Antwort (A) auf.

a) Freddy möchte 24 Muffins backen. Im Rezept steht, dass er dazu 480 g Mehl braucht. Leider hat er nur noch $\frac{1}{4}$ kg Mehl.

F: ______________________________

L:

A: ______________________________

b) Lisa hat ein Rezept für 10 Brötchen. Sie braucht 480 g Mehl und 350 g Wasser. Die Hefe und das Salz wiegen zusammen 15 g.

F: ______________________________

L:

A: ______________________________

c) Herr Lauber backt ein Brot, das $\frac{3}{4}$ kg wiegt.

Für den Teig hat er 450 g Mehl, 100 g Kürbis- und Sonnenblumenkerne, 250 g Buttermilch, 150 g Wasser und 25 g für Salz, Hefe und Öl gebraucht. Beim Backen im Ofen geht viel Gewicht verloren.

F: ______________________________

L:

A: ______________________________

1 Finde einen Lösungsweg (L) und schreibe eine Antwort (A) auf.

a) 5 Kinder der Klasse 3a wiegen sich und tragen ihre Gewichte in eine Tabelle ein.

Name	Lamiya	Luis	Marik	Mara	Pia
Gewicht	31 kg	28 kg	39 kg	34 kg	32 kg

Pia behauptet: Das leichteste und das schwerste Kind wiegen zusammen weniger als 70 kg.

F: Hat Pia recht?

L:

A: ______________________________

b) Lamiya, Luis und Marik stehen zusammen auf der Waage.

F: Wie viel Kilogramm fehlen zu 100 kg?

L:

A: ______________________________

c) Auf dem Schild beim Klettergerüst steht „Maximale Belastung: 150 kg“.

F: Dürfen die 5 Kinder gemeinsam auf das Klettergerüst? Rechne geschickt.

L:

A: ______________________________

| 9:12 | Uhr |
| 21:12 | Uhr |

1 Stunde = 60 Minuten
1 h = 60 min
Jeder Strich steht für eine Minute.
Es ist jetzt 9:12 Uhr oder 21:12 Uhr.

1 Wie spät ist es? Schreibe beide Uhrzeiten auf.

a)

Uhr
Uhr

Uhr
Uhr

Uhr
Uhr

Uhr
Uhr

b)

Uhr
Uhr

Uhr
Uhr

Uhr
Uhr

Uhr
Uhr

c)

Uhr
Uhr

Uhr
Uhr

Uhr
Uhr

Uhr
Uhr

1 Zeichne die Zeiger ein und schreibe die fehlende Uhrzeit auf.

a)

4:30 Uhr	9:45 Uhr	6:15 Uhr	0:30 Uhr
16:30 Uhr	Uhr	Uhr	Uhr

b)

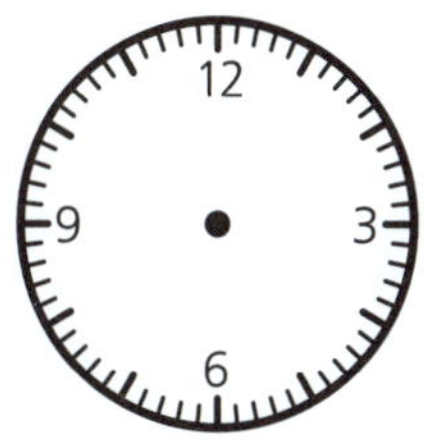

Uhr	Uhr	Uhr	Uhr
15:30 Uhr	13:20 Uhr	20:50 Uhr	14:40 Uhr

c)

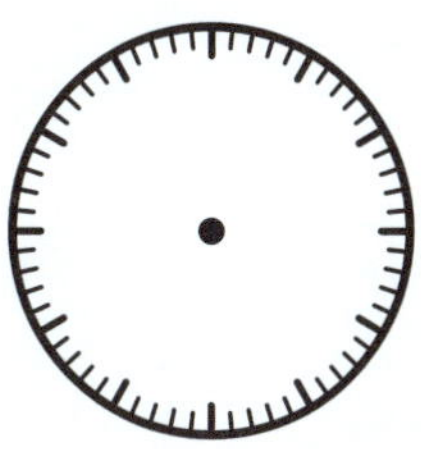
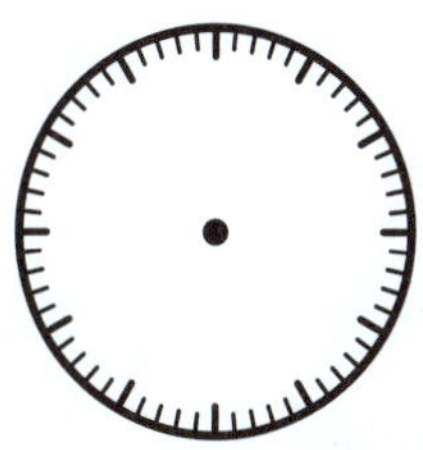

7:35 Uhr	Uhr	4:55 Uhr	Uhr
Uhr	16:05 Uhr	Uhr	23:25 Uhr

d)

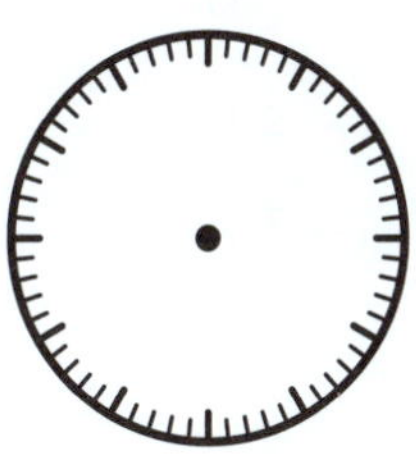
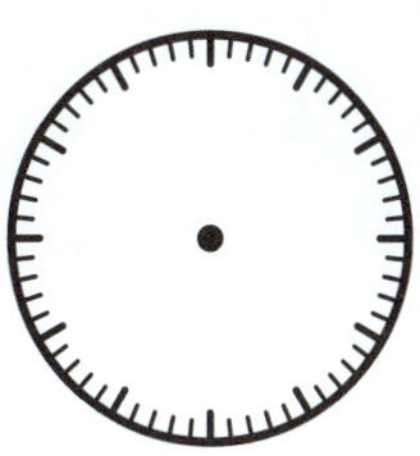
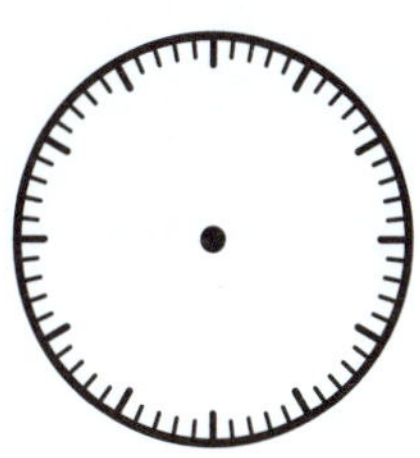
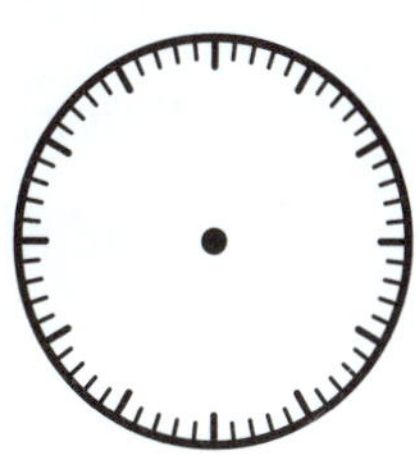

6:38 Uhr	Uhr	2:27 Uhr	Uhr
Uhr	17:03 Uhr	Uhr	22:41 Uhr

1 h = 60 min
$\frac{1}{2}$ h = 30 min
$\frac{1}{4}$ h = 15 min
$\frac{3}{4}$ h = 45 min

1 min = 60 s
$\frac{1}{2}$ min = 30 s
$\frac{1}{4}$ min = 15 s
$\frac{3}{4}$ min = 45 s

1 Ergänze die Tabelle. Die Karten helfen dir.

	Stunde (h) mit Bruchzahl	Minuten (min)
eine Stunde	1 h	
eine halbe Stunde		
eine Viertelstunde		
eine Dreiviertelstunde		

~~1 h~~	$\frac{3}{4}$ h
$\frac{1}{4}$ h	$\frac{1}{2}$ h
15 min	60 min
30 min	45 min

2 Ergänze die Tabelle. Die Karten helfen dir.

	Minute (min) mit Bruchzahl	Sekunden (s)
eine Minute		
eine halbe Minute		
eine Viertelminute		
eine Dreiviertelminute		

$\frac{1}{4}$ min	1 min
$\frac{3}{4}$ min	$\frac{1}{2}$ min
45 s	60 s
30 s	15 s

3 Ergänze.

a) 45 min + ______ = 1 h
3 min + ______ = 1 h
20 min + ______ = 1 h
18 min + ______ = 1 h

b) 15 min + ______ = $\frac{1}{2}$ h
9 min + ______ = $\frac{1}{2}$ h
24 min + ______ = $\frac{1}{2}$ h
16 min + ______ = $\frac{1}{2}$ h

c) 10 min + ______ = $\frac{1}{4}$ h
2 min + ______ = $\frac{1}{4}$ h
11 min + ______ = $\frac{1}{4}$ h
8 min + ______ = $\frac{1}{4}$ h

d) 30 min + ______ = $\frac{3}{4}$ h
27 min + ______ = $\frac{3}{4}$ h
4 min + ______ = $\frac{3}{4}$ h
16 min + ______ = $\frac{3}{4}$ h

Stunde, Minute und Sekunde – Umwandeln

1 Wandle um in Minuten (min).

3 h 20 min = 3 · 60 min + 20 min = 180 min + 20 min = 200 min
6 h 5 min = ______ = ______ = ______
1 h 55 min = ______ = ______ = ______
2 h 10 min = ______ = ______ = ______
4 h 30 min = ______ = ______ = ______
8 h 45 min = ______ = ______ = ______

2 Wandle um in Sekunden (s).

5 min 10 s = 5 · 60 s + 10 s = 300 s + 10 s = 310 s
3 min 35 s = ______ = ______ = ______
7 min 40 s = ______ = ______ = ______
1 min 50 s = ______ = ______ = ______
9 min 15 s = ______ = ______ = ______
2 min 25 s = ______ = ______ = ______

3 Wandle im Kopf in die kleinere Einheit um.

a) 5 h 4 min = ______
10 h 31 min = ______
7 h 19 min = ______
9 h 46 min = ______

b) 4 min 3 s = ______
8 min 37 s = ______
6 min 52 s = ______
10 min 48 s = ______

4 Setze ein: >, < oder =.

a) 1 h ◯ 60 min
$\frac{1}{2}$ h ◯ 25 min
$\frac{1}{4}$ h ◯ 30 min
$\frac{3}{4}$ h ◯ 15 min

b) $\frac{3}{4}$ h ◯ 34 min
$\frac{1}{2}$ h ◯ 50 min
$\frac{1}{4}$ h ◯ 15 min
1 h ◯ 70 min

c) 1 min ◯ 6 s
$\frac{1}{2}$ min ◯ 45 s
$\frac{1}{4}$ min ◯ 10 s
$\frac{3}{4}$ min ◯ 45 s

d) $\frac{1}{4}$ min ◯ 24 s
$\frac{3}{4}$ min ◯ 45 s
$\frac{1}{2}$ min ◯ 12 s
1 min ◯ 100 s

Anfang	Dauer	Ende
10:45 Uhr	→ 20 min →	11:05 Uhr
10:45 Uhr	→ 15 min → 11:00 Uhr → 5 min →	11:05 Uhr

1 Wie spät ist es? Rechne zuerst die untere Zeile.

a)
8:50 Uhr → 15 min → [ ] Uhr
8:50 Uhr → min → 9:00 Uhr → min → [ ] Uhr

b)
11:45 Uhr → 40 min → [ ] Uhr
11:45 Uhr → min → [ ] Uhr → min → [ ] Uhr

c)
17:40 Uhr → 55 min → [ ] Uhr
17:40 Uhr → min → [ ] Uhr → min → [ ] Uhr

d)
21:35 Uhr → 35 min → [ ] Uhr
21:35 Uhr → min → [ ] Uhr → min → [ ] Uhr

2 Wie spät ist es?

a) in 15 min →

Anfang	Ende
6:10 Uhr	6:25 Uhr
8:15 Uhr	Uhr
14:25 Uhr	Uhr
16:38 Uhr	Uhr
21:54 Uhr	Uhr

b) in 56 min →

Anfang	Ende
4:02 Uhr	Uhr
9:10 Uhr	Uhr
12:37 Uhr	Uhr
17:43 Uhr	Uhr
23:05 Uhr	Uhr

Anfang	Dauer	Ende

8:25 Uhr —— 58 min ——→ 9:23 Uhr

8:25 Uhr —35 min→ 9:00 Uhr —23 min→ 9:23 Uhr

1 Wie lange dauert es? Rechne zuerst die untere Zeile.

a)
8:55 Uhr —— ___ min ——→ 9:35 Uhr
8:55 Uhr —5 min→ 9:00 Uhr —___ min→ ___ Uhr

b)
15:40 Uhr —— ___ min ——→ 16:25 Uhr
15:40 Uhr —___ min→ ___ Uhr —___ min→ ___ Uhr

c)
11:50 Uhr —— ___ min ——→ 12:23 Uhr
11:50 Uhr —___ min→ ___ Uhr —___ min→ ___ Uhr

d)
18:45 Uhr —— ___ min ——→ 19:41 Uhr
18:45 Uhr —___ min→ ___ Uhr —___ min→ ___ Uhr

2 Wie viel Zeit ist vergangen?

a)

Anfang	Dauer →	Ende
5:15 Uhr	35 min	5:50 Uhr
9:09 Uhr		9:30 Uhr
10:20 Uhr		10:45 Uhr
13:05 Uhr		13:36 Uhr
18:12 Uhr		18:59 Uhr

b)

Anfang	Dauer →	Ende
7:55 Uhr	32 min	8:28 Uhr
9:35 Uhr		10:14 Uhr
12:20 Uhr		13:06 Uhr
15:40 Uhr		16:12 Uhr
20:45 Uhr		21:39 Uhr

Anfang	Dauer	Ende
10:45 Uhr	→ 4 h 20 min →	15:05 Uhr

10:45 Uhr → 4 h → 14:45 Uhr → 20 min → 15:05 Uhr

1 Wie spät ist es? Rechne zuerst die untere Zeile.

a)
15:25 Uhr → 3 h 15 min → ☐ Uhr
15:25 Uhr → 3 h → 18:25 Uhr → ☐ min → ☐ Uhr

b)
11:10 Uhr → 6 h 45 min → ☐ Uhr
11:10 Uhr → ☐ h → ☐ Uhr → ☐ min → ☐ Uhr

c)
20:55 Uhr → 1 h 40 min → ☐ Uhr
20:55 Uhr → ☐ h → ☐ Uhr → ☐ min → ☐ Uhr

d)
22:45 Uhr → 2 h 30 min → ☐ Uhr
22:45 Uhr → ☐ h → ☐ Uhr → ☐ min → ☐ Uhr

2 Wie spät ist es?

a) in 2 h 40 min →

Anfang	Ende
5:05 Uhr	7:45 Uhr
8:17 Uhr	Uhr
11:20 Uhr	Uhr
19:36 Uhr	Uhr
20:40 Uhr	Uhr

b) in 5 h 38 min →

Anfang	Ende
3:02 Uhr	Uhr
9:15 Uhr	Uhr
12:37 Uhr	Uhr
17:50 Uhr	Uhr
22:22 Uhr	Uhr

Anfang	Dauer	Ende
8:25 Uhr	3 h 50 min →	12:15 Uhr

8:25 Uhr —35 min→ 9:00 Uhr —3 h→ 12:00 Uhr —15 min→ 12:15 Uhr

3 5 min + 3 h + 1 5 min = 3 h 5 0 min

1 Wie lange dauert es? Rechne zuerst die untere Zeile.

a)

4:55 Uhr —___ h ___ min→ 11:32 Uhr

4:55 Uhr —___ min→ 5:00 Uhr —___ h→ 11:00 Uhr —___ min→ 11:32 Uhr

b)

15:30 Uhr —___ h ___ min→ 23:23 Uhr

15:30 Uhr —___ min→ ___ Uhr —___ h→ ___ Uhr —___ min→ 23:23 Uhr

c)

11:40 Uhr —___ h ___ min→ 16:19 Uhr

11:40 Uhr —___ min→ ___ Uhr —___ h→ ___ Uhr —___ min→ 16:19 Uhr

Zugverbindung 1

Bahnhof	Uhrzeit
Hamburg ICE 1577	ab 8:28 Uhr
Hannover	an 9:58 Uhr
Hannover ICE 585	ab 10:26 Uhr
München	an 14:41 Uhr

Zugverbindung 2

Bahnhof	Uhrzeit
Hamburg ICE 585	ab 9:01 Uhr
München	an 14:41 Uhr

Zugverbindung 3

Bahnhof	Uhrzeit
Hamburg ICE 787	ab 10:01 Uhr
München	an 16:02 Uhr

Lies die Antworten (A) der Aufgaben 1, 2 und 3 aus den Fahrplänen ab und schreibe sie auf.

1 Familie Hentrich möchte mit Zugverbindung 1 von Hamburg nach München fahren.

a) Um wie viel Uhr fährt der Zug in Hamburg ab?

A: ______________________________

b) Wann kommt der Zug in Hannover an?

A: ______________________________

c) In Hannover muss Familie Hentrich in einen anderen Zug umsteigen.
Wann fährt der neue Zug in Hannover ab?

A: ______________________________

d) Wann kommt Familie Hentrich in München an?

A: ______________________________

2 Familie Krause erreicht den Bahnsteig in Hamburg erst um 9:15 Uhr.

a) Welche Zugverbindung ist die nächste, die sie nehmen kann?

A: ______________________________

b) Wann kommt der Zug in München an?

A: ______________________________

3 Zwei Züge kommen gleichzeitig in München an. Welche Zugverbindungen sind das?

A: ______________________________

Löse die Aufgaben mit Hilfe der Fahrpläne auf Seite 38.
Finde einen Lösungsweg (L) mit Pfeilbild und schreibe die Antwort (A) auf.

Frage (F)
Lösungsweg (L)
Antwort (A)

1 Familie Hentrich steigt in Hannover um.

F: Wie viel Zeit hat Familie Hentrich zum Umsteigen?

L: ☐ Uhr —min→ ☐ Uhr

A: ______________________________

2 Familie Lanko erreicht den Bahnsteig um 8:52 Uhr und nimmt Zugverbindung 2.

F: Wie lange muss Familie Lanko warten, bis ihr Zug abfährt?

L: ☐ Uhr —min→ ☐ Uhr

A: ______________________________

3 Wie lange dauert die Zugfahrt von Hamburg nach München insgesamt …

a) … mit Zugverbindung 1?

L: 8:28 Uhr —— h min ——→ 14:41 Uhr

8:28 Uhr —min→ 9:00 Uhr —h→ 14:00 Uhr —min→ 14:41 Uhr

A: ______________________________

b) … mit Zugverbindung 2?

L: ☐ Uhr —— h min ——→ ☐ Uhr

☐ Uhr —min→ ☐ Uhr —h→ ☐ Uhr —min→ ☐ Uhr

A: ______________________________

c) … mit Zugverbindung 3?

L: ☐ Uhr —— h min ——→ ☐ Uhr

☐ Uhr —min→ ☐ Uhr —h→ ☐ Uhr —min→ ☐ Uhr

A: ______________________________

2027

Januar

Mo	Di	Mi	Do	Fr	Sa	So
				1	2	3
4	5	6	7	8	9	10
11	12	13	14	15	16	17
18	19	20	21	22	23	24
25	26	27	28	29	30	31

Februar

Mo	Di	Mi	Do	Fr	Sa	So
1	2	3	4	5	6	7
8	9	10	11	12	13	14
15	16	17	18	19	20	21
22	23	24	25	26	27	28

März

Mo	Di	Mi	Do	Fr	Sa	So
1	2	3	4	5	6	7
8	9	10	11	12	13	14
15	16	17	18	19	20	21
22	23	24	25	26	27	28
29	30	31				

April

Mo	Di	Mi	Do	Fr	Sa	So
			1	2	3	4
5	6	7	8	9	10	11
12	13	14	15	16	17	18
19	20	21	22	23	24	25
26	27	28	29	30		

Mai

Mo	Di	Mi	Do	Fr	Sa	So
					1	2
3	4	5	6	7	8	9
10	11	12	13	14	15	16
17	18	19	20	21	22	23
24	25	26	27	28	29	30
31						

Juni

Mo	Di	Mi	Do	Fr	Sa	So
	1	2	3	4	5	6
7	8	9	10	11	12	13
14	15	16	17	18	19	20
21	22	23	24	25	26	27
28	29	30				

Juli

Mo	Di	Mi	Do	Fr	Sa	So
			1	2	3	4
5	6	7	8	9	10	11
12	13	14	15	16	17	18
19	20	21	22	23	24	25
26	27	28	29	30	31	

August

Mo	Di	Mi	Do	Fr	Sa	So
						1
2	3	4	5	6	7	8
9	10	11	12	13	14	15
16	17	18	19	20	21	22
23	24	25	26	27	28	29
30	31					

September

Mo	Di	Mi	Do	Fr	Sa	So
		1	2	3	4	5
6	7	8	9	10	11	12
13	14	15	16	17	18	19
20	21	22	23	24	25	26
27	28	29	30			

Oktober

Mo	Di	Mi	Do	Fr	Sa	So
				1	2	3
4	5	6	7	8	9	10
11	12	13	14	15	16	17
18	19	20	21	22	23	24
25	26	27	28	29	30	31

November

Mo	Di	Mi	Do	Fr	Sa	So
1	2	3	4	5	6	7
8	9	10	11	12	13	14
15	16	17	18	19	20	21
22	23	24	25	26	27	28
29	30					

Dezember

Mo	Di	Mi	Do	Fr	Sa	So
		1	2	3	4	5
6	7	8	9	10	11	12
13	14	15	16	17	18	19
20	21	22	23	24	25	26
27	28	29	30	31		

1 Ergänze.

a) Eine Woche hat _______ Tage.

b) Ein Jahr hat _______ Monate.

c) Ein Monat hat _______, _______, _______ oder _______ Tage.

d) Ein Jahr hat _______ oder _______ Tage.

e) Der Februar hat genau _______ Wochen.

f) Ein Jahr hat etwas mehr als _______ Wochen.

2 Untersuche den Kalender für 2027 und beantworte die Frage.

a) In welchen Monaten fällt der 1. Tag auf einen Montag?

____

b) Welche Monate haben 5 Sonntage?

____

c) Welche Jahreszeit beginnt an diesen Tagen?

20. März 2027: _______________ 21. Juni 2027: _______________

23. September 2027: _______________ 22. Dezember 2027: _______________

d) Der 31. Dezember 2027 ist ein Freitag. Welcher Wochentag ist am 5. Januar 2028?

____

1 Heute ist der 11. April. Mascha hat in genau 3 Monaten Geburtstag.

F: Wann ist Maschas Geburtstag?

A: ______________________________

2 Leon hat am 3. August Geburtstag.
Sein Bruder Tim hat genau 4 Wochen später Geburtstag.

F: Wann ist Tims Geburtstag?

A: ______________________________

3 Elay kann es kaum erwarten, bis Heiligabend (24.12.) ist. Heute ist der 25. November.

F: Wie viele Wochen und Tage muss Elay noch warten?

A: ______________________________

4 Am 12. September enden die Sommerferien. Die Herbstferien beginnen am 1. November.

F: Wie viele Wochen gehen die Kinder zwischen den Ferien zur Schule?

A: ______________________________

5 Heute ist der 1. Oktober. Solveig sagt: „Meine kleine Schwester ist heute genau 4 Monate und 12 Tage alt."

F: An welchem Datum ist Solveigs Schwester geboren?

A: ______________________________

6 Am 9. Juni meint Herr Münch: „Vor genau 100 Tagen habe ich angefangen, an meiner neuen Arbeitsstelle zu arbeiten."

F: An welchem Datum hat Herr Münch an seiner neuen Arbeitsstelle angefangen?

A: ______________________________

____

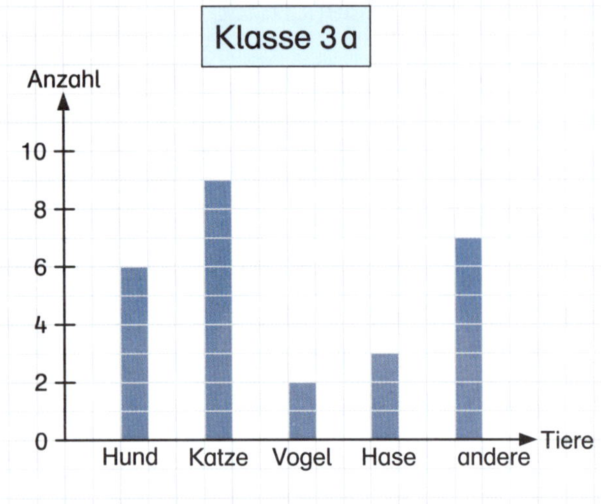

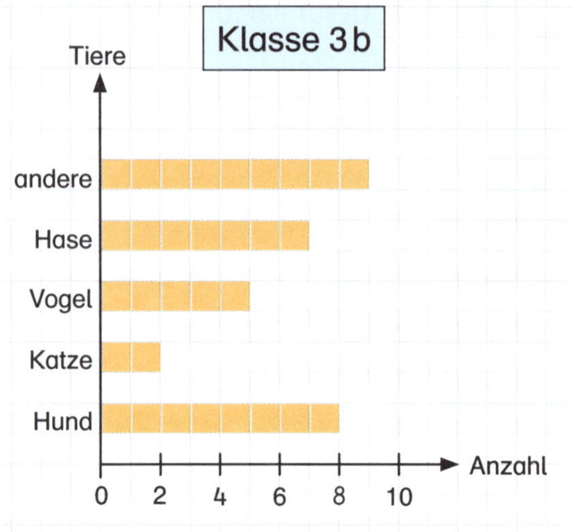

1 Die Kinder der Klassen 3a und 3b haben aufgeschrieben, wie viele Haustiere sie haben. Die Ergebnisse haben sie in Diagrammen dargestellt.

a) Schreibe auf, wie viele Haustiere die Kinder von jeder Tierart haben.

Klasse 3a:

_____ Hunde _____ Katzen

_____ Vögel _____ Hasen

_____ andere Haustiere

Klasse 3b:

_____ Hunde _____ Vögel

_____ Katzen _____ Hasen

_____ andere Haustiere

b) Vergleiche die Anzahl der Tiere in den beiden Klassen. Schreibe 5 Sätze auf.

In Klasse 3a haben die Kinder 2 Hunde weniger als in Klasse 3b.

c) Rechne aus, wie viele Haustiere die Kinder in jeder Klasse insgesamt haben.

Die Kinder in Klasse 3a haben insgesamt _____ Haustiere.

Die Kinder in Klasse 3b haben insgesamt _____ Haustiere.

1 Entscheide mit Hilfe der Diagramme von Seite 42, ob die Sätze richtig oder falsch sind. Kreuze an.

	richtig	falsch
Die Kinder in Klasse 3a haben insgesamt mehr Hunde und Katzen als die Kinder in Klasse 3b.		
Man kann in den Diagrammen nicht ablesen, wie viele Meerschweinchen die Kinder haben.		
Insgesamt haben die Kinder mehr Vögel als Hasen.		
Die Katze ist in beiden Klassen das häufigste Haustier.		
Die Kinder in den beiden Klassen haben mehr vierbeinige als zweibeinige Haustiere.		

2 In Klasse 3a sind 25 Kinder. 11 Kinder haben kein Haustier. Die Hälfte der restlichen Kinder hat nur ein Haustier.

F: Wie viele Kinder haben mehrere Haustiere?

L:

A: ______________________________

3 In Klasse 3b sind 22 Kinder. Alle Kinder haben Haustiere, 5 Kinder haben sogar mehr als ein Haustier.

F: Wie viele Haustiere haben diese 5 Kinder insgesamt?

L:

A: ______________________________

4 Die Lehrerin Frau Meyer hat ein Aquarium. Sie sagt: „In meinem Aquarium schwimmen halb so viele Fische wie die beiden Klassen insgesamt Haustiere haben."

F: Wie viele Fische hat Frau Meyer?

L:

A: ______________________________

Mit 10 Punkten kann man genau $\frac{1}{2}$ Stunde auf die Hüpfburg.	T-Shirt bemalen kostet am meisten Punkte.	Essen und Getränke kann man nicht mit Punkten bezahlen.	Bei allen Angeboten kann man Schul-Taler gewinnen.
richtig ◯	richtig ◯	richtig ◯	richtig ◯
falsch ◯	falsch ◯	falsch ◯	falsch ◯

1 Beim Schulfest der Hebelschule gibt es viele Angebote. Man kann eine 30-Punkte-Karte kaufen. Jedes Angebot kostet unterschiedlich viele Punkte. Zu gewinnen gibt es Schul-Taler. Entscheide, ob die Aussagen richtig oder falsch sind. Kreuze an.

Beim Dosenwerfen kann man mit nur 2 Punkten 4 Schul-Taler gewinnen.

richtig ◯

falsch ◯

Beim Menschenkicker gewinnt immer jemand Schul-Taler.

richtig ◯

falsch ◯

Das Gewinnerteam beim Menschenkicker erhält 10 Schul-Taler.

richtig ◯

falsch ◯

Beim Nagelbalken gewinnt man auf jeden Fall mindestens einen Schul-Taler.

richtig ◯

falsch ◯

1 Löse die Sachaufgabe mit Hilfe der Informationen von Seite 44 und 45.
Finde einen Lösungsweg (L) und schreibe eine Antwort (A) auf.

a) Marie kauft eine 30-Punkte-Karte. Sie ist eine halbe Stunde auf der Hüpfburg, schlägt 8-mal beim Nagelbalken und wirft 9 Würfe beim Dosenwerfen.

F: Wie viele Punkte hat Marie noch übrig?

L:

A: ______________________________

b) Nils kauft auch eine 30-Punkte-Karte. Er möchte kein T-Shirt bemalen. Jedes andere Angebot möchte er genau einmal machen.

F: Reicht Nils' 30-Punkte-Karte dafür?

L:

A: ______________________________

c) Nils möchte möglichst viele Schul-Taler gewinnen, wenn er jedes Angebot genau einmal macht.

F: Wie viele Schul-Taler kann Nils höchstens gewinnen?

L:

A: ______________________________

d) Sophia findet heraus, dass sie beim Dosenwerfen mit der 30-Punkte-Karte 30 Schul-Taler gewinnen kann, wenn sie immer alle Dosen trifft.

F: Bei welchem Angebot kann Sophie mit der 30-Punkte-Karte auch 30 Schul-Taler gewinnen?

L:

A: ______________________________

1 Löse die Sachaufgabe mit Hilfe der Informationen von Seite 44 und 45.
Finde eine Frage (F), einen Lösungsweg (L) und schreibe eine Antwort (A) auf.

a) Ayse hat 20 €. Sie kauft eine 30-Punkte-Karte. Später isst sie Nudeln mit Soße und trinkt eine Apfelschorle.

F: ____________________

L:

A: ____________________

b) Owen möchte gerne 10 Schul-Taler gewinnen. Beim Fußballdart hat Owen 80 Punkte erzielt. Beim Nagelbalken hat er mit 5 Schlägen den Nagel versenkt. Seine Mannschaft hat beim Menschenkicker gewonnen und beim Dosenwerfen hat er 8 Dosen getroffen.

F: ____________________

L:

A: ____________________

c) Herr Botha kauft für jedes seiner 3 Kinder eine 30-Punkte-Karte. Am Getränkestand bestellt er 3-mal das gleiche Getränk. Am Abend sagt Herr Botha: „Ich habe beim Schulfest genau 24,60 € ausgegeben."

F: ____________________

L:

A: ____________________

1 Verbinde die Wortkarten mit den jeweiligen Abkürzungen.

Wortkarten: Millimeter, Kilogramm, Meter, Stunde, Cent, Kilometer, Minute, Euro, Sekunde, Zentimeter, Gramm

Abkürzungen: km, €, kg, m, ct, mm, g, min, h, cm, s

2 Male alle Karten von Aufgabe 1 mit den Farben der Größen an.

Zeit | Längen | Geld | Massen

3 Vervollständige die Sätze.

Ein Kilogramm hat ________ Gramm.

Ein Euro hat ________ Cent.

Ein Kilometer hat ________ Meter.
Ein Meter hat ________ Zentimeter.
Ein Zentimeter hat ________ Millimeter.

Eine Stunde hat ________ Minuten.
Eine Minute hat ________ Sekunden.

4 Immer zwei Karten gehören zusammen. Male sie mit der gleichen Farbe an.

a) $\frac{1}{4}$ km | 500 m | $\frac{3}{4}$ km | 1 km
1 000 m | 750 m | 250 m | $\frac{1}{2}$ km

b) $\frac{1}{4}$ h | 45 min | $\frac{1}{2}$ h | 1 h
30 min | 60 min | $\frac{3}{4}$ h | 15 min

c) 238 ct | 2,38 € | 238 cm | 0,238 kg
2,38 m | 238 g | 0,238 km | 238 m